KB078668

양자 컴퓨터

21세기 과학혁명

차례
Contents

지성의 승리

    지금부터 100여 년 전, 19세기가 끝나고 20세기가 시작할 무렵 물리학자들은 장차 먹고 살 걱정을 하고 있었다고 한다. 하찮은 몇 가지 문제를 제외하고는 자연이 완벽하게 이해되어 더 이상 연구할 것이 없다고 생각했기 때문이다. 그런데 하찮다고 생각한 몇 가지 문제가 사실은 하찮은 것이 아니라, 절대적 진리로서 종교처럼 신봉되어 왔으며 물리학을 대표했던 뉴턴 역학의 허점을 드러내고 있음을 그후 알게 되었고, 여기서 현대 물리학의 두 주류를 이루는 상대론과 양자역학이 탄생하였다. 물론 이 과정은 한순간에 이루어진 것은 아니고 오랜 시간 동안 많은 과학자들이 실험과 논리적 사고를 거듭하는 잉태과정을 거친 것이다. 양자역학의 경우 첫 실험적 증거로부터 그 이론의 완성에 이르기까지 30년이라는 긴 세월이 필요했다.

상대론적 효과는 물체의 속도가 빛 속도의 십분의 일 정도는 되어야 관측할 만하며, 양자적 효과는 일반적으로 물체의 크기가 수십 나노미터(10^{-9}미터, 10옹스트롱) 정도는 되어야 관측된다. 그런데 우리의 일상생활은 이러한 속도나 크기와는 동떨어져 있다. 마하 3의 속도로 비행하는 전투기는 초속 1킬로미터의 속도로 날아가는데, 이는 빛 속도의 30만분의 일밖에는 되지 않으며, 우리가 볼 수 있는 가장 작은 크기는 0.1밀리미터 정도인데, 이는 10만 나노미터이다. 그러므로 상대론적 효과와 양자적 효과는 신이 우리에게 엿보는 것을 허용하지 않은 세상의 일인 것이다. 그런데 인류는 그러한 효과를 간접적으로만 관측하고도 이 세상의 운행규칙을 알아냈다. 더구나 그 규칙은 우리가 사는 세상의 규칙과는 너무 달라서 설명을 들어도 이해가 되지 않는 판인데, 그 세상을 한 번도 본 일 없이 추리만으로 알아냈으니, 이 두 가지 자연법칙의 발견이야말로 인류 지성사에 가장 위대한 승리로 꼽을 수 있겠다.

이 책의 주제인 양자 컴퓨터를 이해하려면 우선 양자역학에 대한 기본적인 이해가 필요하다. 일반인들에게 양자역학은 난해하기로 악명이 높은 듯한데, 그렇다고 독자들이 긴장하거나 겁먹을 필요는 없다. 이 책에서 양자역학을 아주 쉽게 이해시킬 수 있기 때문이 아니라 어차피 물리학자들도 양자역학을 잘 이해 못하고 있어 이야기가 이상하게 들리는 것이 정상이기 때문이다. 이에 대한 재미있는 일화가 있는데 우리나라 독자들에게도 이제는 꽤 친숙한 천재 물리학자 리차드 파인먼은 "양자역학을 이해하고 있는 사람은 아무도 없다고 자신있게 말할 수 있다"고 했다. 이 말은 결코 우리를 위로하기 위해 과장해서 한 말이 아니다. 다시 말해서, 물리학자들이 설명하는 양자역학을 잘 이해할 수 없는 이유는 물리학자들도 잘 모르기 때문이다. 잘 모르는 이야기나마 최선을 다해 풀어가 보기로 하겠다.

19세기 말에 이해가 되지 않았던 '하찮은' 실험들 중 흑체복사, 광전효과 등의 몇 가지는 파동이 입자의 성질을 가진다고 가정해야만 설명이 되었다. 여기서 말하는 입자란 당구공 같은 질량 덩어리나 혹은 광자와 같이 질량은 없어도 에너지나 운동량이 덩어리져 있는 것을 말한다. 광자란 빛의 입자성을 강조하고 싶을 때 사용하는 빛의 별명이다(당구공은 물리학에서 입자의 운동을 설명할 때 단골로 등장하는데도 당구를 잘치는 물리학자는 별로 없다. 어떤 책의 저자는 당구공의 충돌로 운동량 보존을 설명하면서 자기는 당구공을 본 적도 없다고 실토하기도 한다). 햇빛 속에 서 있을 때 우리에게 전달되는 열은 연속적인 것이 아니라, 사실은 작은 에너지 덩어리가 야구공같이 수도 없이 날아와 우리 얼굴에 부딪힌다. 그러나 그 에너지와 운동량의 단위가 워낙 작기 때문에 우리 몸의 감각세포는 충격을 느끼지 못한다.

파동이 입자의 성질을 가진다는 가설이 유행하기 시작하자 드 브로이는 역으로, 입자들도 모두 파동의 성질을 지닐 것이

5

라는 이론을 박사학위논문으로 발표했다. 그랬더니 사람들은 말도 안 된다는 반응을 보였고, 속설에 의하면 왕족이었던 드 브로이는 학위심사위원회에 압력을 넣어서 박사학위를 받았다고 한다. 그러나 사실은 앨버트 아인슈타인이 그의 설을 지지했으므로 이 이야기는 그저 쑥덕공론일 가능성이 많으나 어쨌든 그의 가설이 그 당시에 얼마나 큰 저항을 받았는지를 단적으로 보여준다 하겠다. 그후 이 가설은 전자로 광자처럼 간섭무늬를 보인 실험으로 증명이 되었고, 드 브로이는 노벨 물리학상을 받았다.

우리가 물리문제를 풀 때 결국 얻고자 하는 것은 무엇인가? 역학문제를 푸는 목적은 입자의 위치를 시간의 함수로 구하자는 것이다. 이것만 구하면 시간을 미분해서 속도도 알 수 있으므로, 시간에 백 년을 넣으면 그 입자가 백 년 후에 우주 공간 내에서 가지는 위치와 속도를 알게 되며, 우주 안의 모든 입자들의 위치를 시간의 함수로 구해서 마이너스 백만 년을 집어넣으면, 공룡이 살던 시대의 우주 모습도 이론상으로는 완벽하게 알 수 있다. 한편 파동을 연구할 때 우리가 얻고자 하는 궁극적 정보는 시간과 위치의 함수로 나타내어진 파동의 진폭, 즉 크기다. 파동은 파형을 가지고 있으며, 그것이 일반적으로 움직이기 때문이다. 입자의 운동은 뉴턴 방정식을 따라야 하며 파동의 크기는 파동방정식을 따라야 한다. 이것이 물리가 양자역학이 나타나기 이전의 세상을 기술하는 방식이었다.

그런데 입자가 파동의 성질을 지니고 파동도 입자의 성질을 지니고 있다면 도대체 세상만물을 어떤 방식으로 기술해야 할까? 입자의 위치는 시간이라는 한 개의 독립변수의 함수이고 파동의 크기는 시간과 위치라는 두 개의 독립변수의 함수인데, 삼라만상이 파동과 입자의 성질을 모두 가진다면 더 간단한 식으로 복잡한 현상을 설명할 수는 없으므로 파동으로 세상을 기술할 수밖에는 없겠다. 이렇게 해서 어윈 슈뢰딩거는 물질을 나타내는 파동, 즉 물질파가 따라야 하는 파동방정식을 만들었고, 그 업적으로 노벨상을 탔으며, 물론 역사에도 확실히 이름을 새겼다. 이 방정식은 슈뢰딩거 방정식이라고 해서 상대성이론의 $E=mc^2$과 함께 현대 물리학을 상징하는 수식이 되었으며, 물질파를 표시하는 그리스 문자 프사이(ψ)는 물리학에서 가장 많이 사용하는 문자가 되었다.

물질입자를 파동함수로 기술하겠다는 것까지는 참고 들어줄 수 있겠다 싶지만, 사실은 이 가정이 양자역학에서 여러 가지 이상한 일들을 일으키는 근원이다. 상대론에서 벌어지는 시간 연장이니 거리 단축이니 하는 이상한 일의 근원이, '빛속도가 어떤 계에서 측정해도 같다'라는 가정인 것과 마찬가지이다. 일단 불합리하게 보이는 가정을 받아들이고 나면 그로 인해 유도되는 논리적 결과가 이상해도 반박할 도리가 없다. 우선 슈뢰딩거의 파동방정식을 열심히 풀어서 '해(解)로 얻어진 파동함수가 무엇을 의미하는가'라는 질문에 대한 답변이 필요한데, 물질파의 크기(의 제곱)는 입자가 그 시간에 그 위치에서 발견될 확률이라고 정리되었다.

이 가설을 포함하여 현재 대부분의 물리학자들이 신봉하는 양자역학의 기본 가설들은 닐스 보어 및 몇몇 양자역학의 대가가 코펜하겐에 모여 의논한 결과라 하여 '코펜하겐 해석'이라고 부른다. 보어는 양자역학의 기초를 확립했고, 양자역학에서 상대론의 아인슈타인과 같은 위치에 있는 사람이다. 아인슈타인은 자신의 연구실에 존경하는 물리학자 세 사람의 사진을 걸어 놓았다고 하는데, 바로 아이작 뉴턴과 제임스 맥스웰, 그리고 보어였다. 맥스웰은 전자기학을 완성한 사람이다. 20세기 이전의 물리학은 양자역학과 상대론이 등장한 후에 많이 수정되고 보완되었으나 전자기학은 이 과정에서 열외에 있었다. 특히, 전자기학은 물리학 이론 중에 가장 완벽하고 아름다운 이론으로 꼽힌다.

파동의 크기를 확률로 해석하는 가설은 우리가 생각할 수 있는 가장 그럴 듯한 논리이며 이해가 가지 않는 바가 아닌데, 양자역학에서 정말 이상한 가설은 중첩과 측정에 관한 가설이다. 이해를 돕기 위해 파동의 기본 성질인 중첩에 대해 잠시 이야기하기로 하자.

물질파이건, 파도같이 우리가 일상생활에서 관찰하는 파동이건, 파동의 가장 중요한 성질은 여러 개의 파가 겹쳐질 수 있다는 것으로 빛의 굴절, 간섭, 회절, 반사 등 빛의 모든 성질들이 이것으로 설명된다. 우리가 으뜸화음을 듣는다는 것은 도, 미, 솔 세 음의 주파수를 가진 파동들이 겹쳐져서 공기를 통해 우리 귀를 진동시키는 현상이다. 피아노나 기타를 치면

줄이 아무렇게나 진동하는 것이 아니고, 그림의 (ㄱ)이나 (ㄴ)과 같이 줄의 길이에 딱 맞는 파장을 가진 진동만 일으키며 소리를 낸다. 이런 진동을 그 줄의 고유진동이라고 부르는데, 그림(ㄱ)과 같은 모양으로 진동할 때 '도'음이 난다면 (ㄴ)과 같은 모양으로 진동할 때는 높은 '도'음이 들린다. 일상생활에서 관찰되는 줄의 진동 모습은 대부분 (ㄱ)과 같은 모습이지만 처음에 (ㄴ)의 외곽선과 유사한 모습을 잘 만들어 진동을 시작시키면 (ㄴ)과 같은 진동을 일으킬 수도 있다. 이는 '도'에 조율된 줄로 높은 '도'소리를 만들어내는 작업이므로 물론 쉽게 일어나는 일은 아니나 가능은 하다.

실제로 피아노나 기타 줄을 치면 (ㄱ)이나 (ㄴ)과 같은 방식으로만 현이 진동하는 것이 아니고 일반적으로 (ㄱ), (ㄴ) 등의 고유진동들이 적당히 조합된 진동이 일어난다. 피아노건반이 현을 때릴 때나 우리가 기타 줄을 퉁길 때는 (ㄱ)이나 (ㄴ)

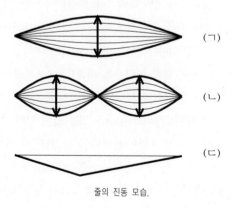

줄의 진동 모습.

과 같은 모양으로 줄 모양을 만들어 진동을 시작하는 것이 아니고, 예를 들어 (ㄷ)과 같은 형태로 처음 진동을 시작하는데 이런 진동 모습은 (ㄱ)·(ㄴ) 등과 같은 고유진동들의 조합이기 때문이다. 물론 (ㄴ)성분보다는 (ㄱ)성분이 훨씬 많기 때문에 높은 '도'가 아니고 '도'로 들리는 것이며, 같은 '도'음이라고 해도 피아노와 기타는 각 진동성분의 조합비가 달라서 음색이 다르다. 이렇게 여러 고유진동들이 겹쳐지는 현상을 중첩이라고 부르는데, 이 현상은 양자 컴퓨터가 고전 컴퓨터, 즉 내가 지금 이 글을 쓰기 위해 사용하고 있는 컴퓨터보다 혁신적으로 빠른 주 이유이기 때문에 이 책에서 제일 자주 나올 단어이다. (ㄱ)이나 (ㄴ)같이 생긴 파동의 소리는 매우 맑지만 건조하게 들린다.

줄이 아무렇게나 진동하지 않고 고유진동이 중첩된 상태에만 있을 수 있는 것처럼, 양자계도 아무 상태에나 있을 수 있는 것이 아니고 소위 고유 상태들이 중첩된 상태에만 존재한다. 우리는 수소원자가 바닥 상태에 있을 때는 그 에너지가 -13.6eV (전자볼트 : 한 개의 전자가 1V의 전압에서 하는 일)이고 들뜬 상태들의 에너지는 이 값을 자연수의 제곱으로 나눈 값들이라는 사실을 이미 고등학교 때 배웠다. 이 에너지 값들은 실험과 잘 일치하며, 실험에서 이들의 사이값을 얻는 일은 없다. 이와 같이 특정한 에너지를 갖는 바닥 상태나 들뜬 상태들이 수소원자의 고유 상태들이다. 현의 일반적인 진동이 고유진동들의 중첩인 것처럼 수소원자는 일반적으로 바닥 상태나 들뜬 상태 중의 하나에만 있는 것이 아니고, 이들 상태들의 중첩된 상태에 있다.

물질파도 파동의 일종이므로 중첩이 된다고 해도 이상할 것은 없지만 문제는 이 중첩된 상태를 측정할 때 일어난다. 코펜하겐 해석에 따르면, '중첩된 상태를 측정하면 고유 상태 중의 하나가 측정되며, 그 상태가 측정될 확률은 각 고유 상태가 섞인 비율에 따라 결정된다'는 것이다. 중첩된 상태에 있는 수소원자의 에너지를 측정해도 역시 −13.6eV나 이를 자연수의 제곱으로 나눈 값만 나오며 어떤 값이 측정될 것인지는 중첩된 비율에 따라 결정된다는 뜻이다.

바닥 상태와 들뜬 상태의 중첩으로 표현되는 수소원자는 도대체 어디에 어떤 상태로 있냐고 물어보면 대답하기가 곤란하다. 우리가 아는 것은 단지 수소원자 같은 입자들이 파동성을 지닌다는 사실, 파동은 중첩의 성질이 있다는 사실, 어떤 경우에도 우리가 아는 에너지 값들의 사이값은 측정되지 않는다는 사실 뿐이며, 이 세 가지 사실을 논리적으로 가장 잘 설명하는 가설을 설정했을 뿐이다.

이 중첩과 측정의 가설에서 나오는 한 가지 결론은, '중첩 상태는 측정 후 고유 상태 중의 하나로 변화한다'는 것이다. 즉, 중첩이 없어진다는 뜻인데, 물리학자들은 이를 축소 또는 붕괴한다고 표현한다. 중첩된 상태는 측정 시 어떤 결과가 나올지를 중첩된 비율에 따라 확률적으로만 알 수 있다. 그러나 측정하고 나면 그 입자의 상태에 대해 100% 알고 있다. 즉, 측정된 고유 상태와 나머지 상태들의 중첩된 비율이 1 대 0이

어야 하므로 측정된 고유 상태 이외의 상태는 붕괴하여 없어
졌다는 뜻이다.

쉽게 이해하기 위해 수소같이 보이지도 않는 것 말고 우리
가 직접 관찰할 수 있는 기타 줄의 예로 돌아가 설명해보자.
이 가설은 어차피 상식으로 이해가 되지 않기 때문에 수소같
이 우리와 무관한 경우를 예로 들었을 때는 그쪽 나라에선 그
런가 하고 지나갈 수 있지만 실생활의 예를 들면 그럴 수 없
으므로, 사실은 쉽게 이해한다는 것은 거짓말이고 더 혼란에
빠지기 십상이다. 기타 줄의 경우, 측정을 한다는 것은 기타
줄이 내는 소리를 듣는 일이다. 우리가 사는 거대한 세상에서
는 이 경우 낮은 '도'와 높은 '도'가 섞여서 들리게 되며, 앞서
설명한 바와 같이 이것이 기타 소리와 피아노 소리가 구분되
는 이유이다. 그런데 양자세계에서는 우리가 기타 소리를 듣
건 피아노 소리를 듣건 (ㄱ)이나 (ㄴ) 같은 고유진동 중의 한
소리만 들리며, 높은 '도'가 들릴 것인지 낮은 '도'가 들릴 것
인지는 두 파동이 중첩된 비율에 따라 확률적으로 결정된다.
즉 피아노를 치든 기타를 치든 그 악기들이 양자역학의 규칙
에 따라야 할 정도로 크기가 작은 경우에는 우리에게 다 똑같
이 들리며 다만 악기에 따라 낮은 '도'와 높은 '도' 그리고 더
높은 '도'들이 들리게 될 확률이 다를 뿐이다. 예를 들어 낮은
'도'와 높은 '도'가 같은 비율로 중첩되어 있으면 이 소리를
들었을 때 낮은 '도'가 들릴 확률이나 높은 '도'가 들릴 확률
이 정확히 반반이다.

끝나지 않은 이야기

신의 주사위 놀음

이제 독자들은 양자역학이 난해하다고 소문난 이유를 조금 이해할 것이다. 도대체가 양자역학 이론은 우리의 상식으로 보면 말도 안 되는 이야기를 하고 있다! 다시 한번 강조하거니와 양자역학 이야기가 이상하게 들리면 정상이다. 보어는 '양자역학을 보아도 머리가 어지럽지 않다면 그것은 양자역학을 이해하지 못한 것'이라고 했다. 물리학자들도 머리가 어지럽기는 마찬가지이다. 슈뢰딩거도 이 점 때문에 고민하였고, 그 나름대로의 견해를 발표한 논문에서 예로 든 '슈뢰딩거의 고양이'는 양자역학의 해석적 문제를 대표하는 예로 회자되고 있다. 중첩과 측정에 대한 가설은 아인슈타인과 보어를 죽을 때까지 서로 논쟁하게 만들었다. 알다시피 아인슈타인은 양자역학의 해석에 대해 무덤에 갈 때까지 부정적이었으며, 그의 이러한 의견은 "나는 신이 우주를 가지고 주사위 놀음을 하고 있을 것으로는 생각하지 않는다"는 유명한 말에 녹아 있다. 아인슈타인은 어떤 학회에 가서 또 한번 이와 비슷한 이야기를 한 적이 있었는데, 그랬더니 그 자리에 있던 보어가 "신한테 이래라 저래라 하지 마시오"라고 대꾸했다고 한다.

소수의 물리학자들은 코펜하겐 해석의 부자연스러움을 넘어서고자 계속 노력하여 왔다. 아인슈타인을 필두로 한 앙상블 해석, 존 폰 노이만 등에 의한 프린스턴 해석, 휴 에버렛의 다세계해석 등 여러 가지가 있다. 폰 노이만은 아인슈타인과 동시대에 프린스턴 고등연구소에 있었는데, 수학, 물리학을 넘나들며 뛰어난 업적을 많이 남긴 전설적인 천재이다. 그의 이름은 물리, 수학 교과서 등 여기저기에 나오지만 최대 업적은 CPU와 메모리로 구성되어 있는 현대의 컴퓨터 구조를 처음 설계한 것으로서 전산학에서 가장 추앙받는 대가이다. 에버렛의 다세계해석은 그의 박사학위논문이었는데, 쥐라기 공원을 쓴 마이클 크라이튼의 두 번째 소설 『타임라인』에서 시공간을 이동하는 타임머신의 이론적 근거로 제시되는 등 인기가 있다. 물리적 현상에 대한 양자역학의 예측이 워낙 뛰어나기 때문에 대부분의 물리학자들은 양자역학을 실제 상황에 적용하는 데만 관심이 있으며, 기본 철학의 해석에 대한 연구는 비주류의 학문이었으나 양자 컴퓨터의 등장과 함께 가장 잘나가는 학문의 하나로 등장했다.

양자역학의 해석에 대한 물리학 대가들의 반론을 더 소개하기에 앞서, 관측되는 현상에 대한 양자역학의 예측은 아직까지 틀린 적이 없다는 점을 강조해야겠다. 아인슈타인도 양자역학이 예측하는 결과가 항상 옳다는 점에서는 이견이 없었으며, 다만 물질파와 측정의 철학적 해석을 달리했을 뿐이다. 오히려 양자역학이 이렇게 잘 맞는다면 물질파에 대해 좀더 그럴듯한 해석을 내릴 수 있을 것이라고, 해석을 골치 아파하며 제쳐놓고 싶어 하는 양자론자들을 괴롭힌 것이다. 아는 사람은 다 알겠지만 아인슈타인은 상대론으로 노벨상을 받은 것이 아니라 양자역학의 성립에 중요한 기여를 한 광전효과 실험을 설명한 공로로 노벨상을 받았다. 아인슈타인조차도 상대론으로 노벨상을 받지 못했으므로, 당연히 그 이후 어느 누구도 상대론으로 노벨상을 받지 못했다. 스웨덴 한림원과 노벨상의 한계를 보여주는 대표적인 예이다.

양자역학이 이상하고, 양자 컴퓨터 및 양자정보과학 전반에서 이야기하는 기술들이 허무맹랑하게 들리는 주 이유는 바로 중첩 상태에 대한 우리의 이해가 부족하기 때문이다. 우리가 게임을 즐길 때는 우선 게임의 규칙을 배우고 그 규칙에 따라 승리를 쟁취하기 위해 여러 가지 전략을 짠다. 그런데 게임을 즐기는 다른 한 가지 방법은 게임을 하는 사람들의 전략을 관찰하면서 그 게임의 규칙을 알아내는 것이다. 물리학자들이

하는 일이 바로 후자이다. 물리학자들이 하는 일이란 자연의 운행을 관찰하면서 그 규칙을 알아내는 것으로서, 마치 범죄 현장을 관찰하고 범인을 잡는다든지 혹은 신선들이 두는 바둑을 구경하면서 바둑 규칙을 알아내는 일과 유사하다. 현대 바둑에는 크게 두 가지 규칙이 있다. 우리나라와 일본이 따르는 국제규칙과 중국에서 만든 응창기규칙이라는 것이 있는데, 이 두 규칙에서 승리를 규정하는 방법은 겉보기에 매우 다르다. 국제규칙에서는 종국 후 바둑판 위의 집 수를 세어 승부를 결정하지만 응창기규칙에서는 처음에 같은 수의 바둑알을 가지고 시작해서 종국 후 남아 있는 바둑알을 비교하여 승부를 결정한다. 그러나 자세히 따져보면 한 규칙에 우수한 전략이 다른 규칙에도 같은 정도로 우수하게 되어 있으며, 전문기사들의 시합을 관전해도 어떤 규칙에 따라 시합하는 것인지 거의 알 수 없다. 양자역학은 말하자면 국제규칙에 따라 운행되는 자연을 관찰하는 인간이 찾아낸 응창기규칙이다. 어떤 규칙을 따르더라도 자연의 운행을 설명할 수 있지만 한 규칙이 다른 규칙보다 더 합리적이고 이해하기 쉬울 수 있다. 안타깝게도 인간은 더 단순하고 아름다운 규칙을 발견하지 못하고 복잡하고 불합리한 규칙을 간신히 알아낸 듯싶다(실제로는 바둑에서는 국제규칙보다 응창기규칙이 더 합리적이라고 한다).

아인슈타인 vs. 보어

양자역학 교과서들은 이따금 아인슈타인과 보어의 논쟁을

소개하는데, 대부분 아인슈타인이 판정패 당한 것으로 되어 있다. 두 사람 간의 여러 논쟁 가운데는 그런 것도 있었지만 애매한 채로 철학의 영역으로 넘어간 논쟁들도 있으며, 유명한 EPR 패러독스가 그에 속한다. 아인슈타인과 포돌스키 그리고 로젠 세 사람의 이름 앞 글자를 딴 EPR 패러독스도 역시 중첩된 상태의 측정에서 발생한다. 이 패러독스는 과학철학에서 양자론의 철학을 논할 때 반드시 등장하는 내용으로서, 세 사람의 논문과 그에 이어 곧바로 등장한 보어의 반박 논문의 논지가 애매하여 많은 논란을 일으켰고, 덕택에 많은 학자들이 이 논문을 생산할 수 있었다.

대부분의 현대 물리학자들이 취하고 있는 입장은 이렇다. 양자역학의 예측은 반드시 옳다. 그러나 이는 미시세계에서의 일이며 우리가 사는 거시세계에는 잘 적용되지 않는다. 그러므로 양자역학의 해석문제는 일단 제쳐두고 우선 잘 써먹자. 양자역학에 대한 이해는 부족한 상태이며, 이는 물리학에서 해결되지 않은 문제 중 가장 큰 도전과제이기는 하나, 대부분의 물리학자들은 당장 연구결과물을 생산하도록 스트레스를 받고 있기 때문에 스티븐 와인버그의 말처럼 "이런 점에 대해서는 아무런 생각도 하지 않은 채 그들의 인생을 보내고 있다". 내가 양자역학을 처음 배우던 1970년대 말의 분위기도 마찬가지였는데, 그때 이미 새로운 패러다임을 생각하는 사람들이 있었다.

와인버그는 자연에 존재하는 네 가지 힘 중에서 전자기력과 약력을 통일하는 이론을 세운 공로로 노벨상을 수상한 저명한 물리학자이다. 입자물리학에서 와인버그만큼이나 유명한 또 하나의 학자는 머레이 겔만이다. 겔만은 소립자들과 그들 사이의 상호작용을 정리한 공로로 노벨 물리학상을 탔는데, 현재 혼돈이론 연구의 메카로 알려진 산타페 연구소의 소장으로 있다. 그는 공식석상에서 다른 사람들의 이론을 엉터리라며 직접적으로 비난하는 등 교만하기로 이름나 있어 사람들이 별로 좋아하지 않는다. 겔만 같은 대가야 그렇게 행동해도 참고 봐줄 수밖에 없지만 그렇지 않은 물리학자들도 기본적으로 겸손하지는 않다. 어디선가 만난 사람이 겸손하다면 그 사람은 물리학자가 아니라고 단정해도 좋다. 물리학자들이 말로는 잘 모른다고 하지만 속으로는 양자역학같이 어려운 걸 안다는 프라이드가 있다는 증거는 겔만의 다음과 같은 언급에도 나타나 있다. "양자역학을 아는 사람과 모르는 사람의 차이는 양자역학을 모르는 사람과 원숭이의 차이보다 더 크다. 양자역학을 모르는 사람은 금붕어와 전혀 다를 바가 없다." 파인먼이 살아 있을 때 겔만은 그와 함께 칼텍 물리학과의 연구 중심을 이론물리로 이끌었다. 레이저 물리학 실험의 세계적 대가인 암논 야리브는 이런 이론학자들의 등쌀에 결국 응용물리학과로 과를 옮겼다고 한다.

양자역학의 기본 가설은 몇 가지가 더 있지만 나머지는 기술적인 것이어서 우리의 주제를 이해하는 데 별 필요가 없다. 또한 중첩과 측정의 가설보다는 수긍하기 쉬운 것들이기 때문에 여기까지만 설명을 들어도 양자역학의 근간은 이해한 셈이다. 이제까지 참고 읽어 온 독자들은 그 보상으로 최소한의 기억이 3초밖에 되지 않는다는 금붕어와 비교되는 신세는 면한 셈이다. 내 아내를 금붕어 신세에서 구제하는 데는 13년이 걸렸다.

새로운 패러다임

무어의 법칙

반도체 업계에서 많이 하는 이야기 중에 무어의 법칙이라는 것이 있다. 메모리의 용량이나 CPU의 속도가 약 1.5년에 2배씩 증가한다는 법칙이다. 요즘 사용하는 PC의 메모리는 기가 (10^9, 즉 10억) 바이트에 이르지만 처음 IBM의 PC가 나왔을 때는 단지 64킬로바이트의 메모리만을 가지고 있었는데, 그때는 그 많은 메모리를 일반인들이 다 어디에 쓰겠냐고 생각했다고 한다. 이 법칙은 앞으로 몇 년 못 간다는 소리가 몇 번이나 나왔지만 그때마다 막강한 돈의 힘은 새로운 기술을 개발시켜 지금까지 그럭저럭 잘 지켜져 온 법칙이다. 그러나 앞으로 10

년 안에 큰 어려움이 닥치리라고 예상되며 이번 파도는 과거의 것들과는 매우 다를 것이다. 지금의 추세대로라면 2020년에는 한 비트를 저장하는 메모리의 크기가 원자 하나의 크기가 되는데, 메모리의 크기가 작아지면 원자 크기에 이르기 훨씬 전인 수십 나노미터 정도부터 양자효과가 나타나기 시작하여 지금과 같은 고전적인 방식의 메모리는 작동할 수 없다.

무어의 법칙처럼 지수함수적인 성장률이 적용되는 또 하나의 예는 CPU가 사용하는 에너지이다. 요즘 사용되는 펜티엄칩의 연산속도는 기가 헤르츠, 즉 1초에 십억 개의 작업을 하지만 처음 나온 PC의 8080칩은 초당 백만 연산 정도에 불과했는데, 사실 이 정도만 해도 손으로 하는 작업에 비하면 엄청나게 빠른 것이다. CPU가 연산할 때는 에너지를 소모하기 때문에 이렇게 연산 속도가 천 배씩 빨라지면 초당 발생하는 열도 천 배가 는다. 더구나 펜티엄칩이 처리하는 작업은 8080칩이 처리하는 작업보다 복잡하기 때문에 더욱 많은 열이 발생하게 되고 우리의 컴퓨터는 순식간에 녹아버릴 것이다. 이를 막기 위해 연산 하나당 소모하는 에너지를 줄이는 연구가 끊임없이 계속되어 왔으며 모자라는 부분은 냉각장치로 해결한다. 예전의 PC는 몸체에 붙어있는 냉각 팬 하나를 가지고 있었는데, 언제부터인가 CPU칩 자체에도 냉각 팬이 붙어 나오기 시작하더니 PC는 더욱 시끄러워졌다.

그런데 CPU가 연산 하나를 수행하는 데 드는 에너지를 지금처럼 계속 지수함수적으로 줄여간다면 2020년에는 분자 하나의 운동 에너지와 비슷해진다. 이 말이 뜻하는 바는 어떤 연산을 하려 해도 주변의 잡음신호 때문에 정확히 되지 않고 연산을 하지 않을 때에도 잡음신호가 엉뚱한 연산을 하기도 한다는 것이다. 이 한계는 지금과 같이 폰 노이만 방식의 고전 컴퓨터 구조를 고수하는 한 피할 길이 없다.

그런데 실은 연산에 에너지가 소모되어야 할 이유가 없다. 이런 사실은 계산의 궁극적 한계에 관심을 가졌던 롤프 란다우어가 처음 알아냈다. 그에 따르면 연산에는 에너지가 필요하지 않지만 정보를 지우는 데는 에너지가 필요하며, 그 에너지도 분자 하나의 운동 에너지와 비슷한 정도이다. 컴퓨터는 연산만 하는 것이 아니라 정보를 지웠다 썼다 하기도 하므로 기본적으로 에너지를 소모하기는 해야 하지만, 우리가 사용하는 컴퓨터는 이 이론적인 한계값보다 훨씬 많은 열을 발생시킨다. 즉, 구조 자체가 비효율적이어서 쓸데없이 열을 발생시키고 있다는 뜻이다. 란다우어는 IBM 연구소에 있었는데 나중에 양자 컴퓨터를 비롯하여 양자정보과학 전반의 대부가 된 찰스 베넷의 상사였다. 그는 베넷이 처음 가역적 연산 및 여러 가지 양자공학의 개념을 제시할 때 학문적으로 그에 동의하지는 않았지만 베넷이 계속 연구하도록 격려했다고 한다. 대가는 뭔가 다른 점이 있다.

엔트로피 법칙과 허망한 영구기관의 꿈

정보를 지우는 데 에너지가 사용되는 이유는 엔트로피가 증가하기 때문이다. 엔트로피란 무질서한 정도를 나타내는 양으로서, 예를 들어 결혼식장에서 남녀 또는 신랑신부 측의 하객들이 나누어 앉아 있다면 아무렇게나 섞여 앉아 있는 것보다 엔트로피가 낮은 상태이다. 더운 기체가 든 상자와 찬 기체가 든 상자를 맞붙여 놓으면 같은 온도가 될 것인데, 이 과정은 엔트로피가 증가한 예이다. 둘째 예에서 짐작할 수 있듯이 자연계의 변화는 늘 엔트로피가 증가하는 방향으로 움직이고 있으며, 이 엔트로피 증가의 법칙이 열역학에서 차지하는 위치는 역학에서 뉴턴 법칙이 차지하는 위치에 해당한다. 엔트로피가 증가하면 대개 에너지가 소모되는데, 여기서 말하는 에너지란 사용 가능한 에너지를 뜻한다. 알다시피 에너지는 보존되므로 없어지지 않으며 우리가 사용할 수 있는 에너지가 없어진다는 것이다. 뜨거운 기체와 찬 기체가 있으면 그것을 이용해 엔진을 돌릴 수 있지만 그 결과 둘의 온도가 같아지면 더 이상 일을 할 수 없다는 사실을 생각하면 쉽다. 엔트로피가 증가하면 사용 가능한 에너지가 소모된다는 말의 뜻은 설명했으므로, 이제 정보를 지우면 왜 엔트로피가 증가하는지를 설명하면 정보와 에너지 소비의 관계를 이해할 수 있겠다.

더운 기체와 찬 기체를 이용해 일을 하고 나서 두 기체의 온도가 같아지면 더 이상 어쩔 수가 없다고 하지만, 잘 생각하면 엔트로피 증가의 법칙을 피해나갈 길이 있지 않을까? 물론 이 법칙을 피해나갈 수만 있다면 역사에 대대로 이름이 남는 것은 물론이고 돈도 꽤 많이 벌 수 있다. 이 법칙에서 벗어나

작동하는 엔진을 제2종 영구기관이라고 한다. 보통 말하는 영구기관은 열역학 제1법칙인 에너지 보존법칙을 위배하여 에너지를 만들어내기 때문에 제1종 영구기관이라고 부른다. 제2종 영구기관은 에너지를 만들어 내지는 않지만 열역학 제 2법칙인 엔트로피 증가의 법칙에 위배하여 에너지를 사용 가능하도록 전환하는 기관이기 때문에 제2종이라 부른다. 말로는 구분하지만 자동차 1종, 2종과는 달리 순전히 개념적인 것이며, 절대로 존재하지 않는다.

하지만 이 영구기관을 발명해 일확천금을 얻으려는 사람들이 과거에도 있었고 지금도 있다. 요즘은 그런 일이 없지만 10여 년 전만 해도 내가 이런 훌륭한 발명을 했는데 전문가라는 사람들이 들은 척도 안 한다고 청와대에 민원을 내면, (아마도 과기부를 거쳐서) 내가 적을 두고 있는 학교로 검토하라고 서류가 오고는 했었다. 물론 이런 발명제안서는 첫 페이지부터 틀린 것들이다. 혹자는 법칙이란 깨지라고 있는 것 아니냐고 궤변을 늘어놓기도 하는데, 영구기관이 절대로 존재할 수 없는 이유는 아마도 이렇게 답하는 것이 좋을 것 같다. 영구기관이 존재하려면 에너지 보존 법칙이나 엔트로피 증가의 법칙이 깨져야 하는데, 만일 우주 안 어디에선가 그런 일이 일어났다면 우주의 모습이 지금과 같을 수 없다. 이 우주 안에 사는 한 영구기관의 꿈은 포기하는 것이 좋다.

전자기학을 집대성해서 심지어 아인슈타인의 존경까지 받았던 맥스웰은 열역학에도 조예가 깊어서 그의 이름이 붙은 도깨비를 역사에 남겼다. 이 도깨비는 엔트로피를 감소시키는 일을 한다(불가능한 일을 한다고 해서 도깨비라는 이름이 붙었음을 다시 한번 강조하고 싶다). 이 도깨비가 하는 일이란 온도가 같은 두 기체 상자 사이의 벽에 조그만 창을 하나 뚫고 그 옆에 앉아 있다가, 왼쪽 상자에서 빠른 기체분자가 날아오면 창문을 열고 느린 기체분자가 오면 창문을 닫으며, 오른쪽 상자의 기체분자들은 반대로 한다. 한참을 이렇게 하고 나면 오른쪽 상자에는 속도가 빠른 기체분자들만 모이고, 왼쪽 상자에는 느린 기체분자들만 모인다. 다시 말해서 처음에는 두 상자의 온도가 같았지만 나중에는 오른쪽 상자의 온도는 올라가고 왼쪽 상자는 낮아진다는 뜻이다. 이론상으로 창문은 전혀 마찰이 없게 만들 수 있으므로 도깨비는 아무런 에너지도 사용하지 않았고 엔트로피는 감소되었다. 도깨비는 위대한 열역학 법칙을 피해나갈 수 있는데 왜 우리는 그럴 수 없는 것일까? 정보가 없기 때문이다. 온도가 같았던 두 상자의 온도를 외부의 간섭 없이 다르게 만들려면 각 기체분자의 속도에 대한 정보가 있어야 하는데 우리는 그것이 없다. 즉 정보가 있으면 언제든지 엔트로피를 낮출 수 있으므로 정보가 많으면 엔트로피가 줄어들고, 정보가 지워지면 엔트로피는 증가한다.

맥스웰의 도깨비에 대한 이야기는 이 정도로 해두고 엔트로피와 정보가 밀접한 관계가 있다는 점을 지적한 것으로 만족하려 한다. 엔트로피에 대해서는 나만 잘 모르는 것이 아니라 대가들도 잘 모르고 있는 듯하다. 예를 들어 정보이론에

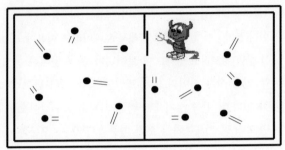
맥스웰의 도깨비.

서 가장 중요한 개념은 정보 엔트로피인데, 이 정보 엔트로피가 열역학에서 정의하는 엔트로피와 수식의 모양은 같지만 물리적 개념이 동등한지는 확실치 않다. 정보이론의 창시자인 클로드 새논이 정보 엔트로피라는 개념을 처음 도입하게 된 것은 폰 노이만의 권유에서였다고 한다. 정보의 확률적 선택에 관한 새논의 강연을 들은 폰 노이만이 물리학에서 말하는 엔트로피의 개념을 도입하라고 권하면서 그 이유를 "아무도 엔트로피에 대해서는 제대로 알지 못하기 때문에 걸고넘어질 사람이 없을 것"이라고 했다는 것이다. 폰 노이만이 아무도 모른다고 하면 아무도 모르는 것이다.

정보를 지우는 데 에너지가 소모된다면 정보를 지우지 않는 컴퓨터를 만들면 어떨까? 이런 엉뚱하고도 혁신적인 생각을 처음 한 사람이 바로 베넷인데, 그때가 1973년의 일이다. 이 당시 우리나라는 소위 유신헌법이라는, 일인독재체제를 위한 개헌 국민투표로 국력을 소모하고 있었다. 엔트로피는 한

번 증가하면 자발적으로 감소하지 않으므로, 엔트로피가 증가하는 과정을 비가역과정이라고 부르며, 역으로 엔트로피의 변화가 없이 일어나는 과정은 거꾸로 돌아갈 수 있으므로 가역적이다. 우리가 사용하고 있는 컴퓨터는 비가역적으로 연산하며, 이 때문에 사용 가능한 에너지가 소모되면서 열이 발생한다. 베넷의 제안은 바로 가역적으로 연산하는 컴퓨터를 만들어 열발생을 없애보자는 것이었다.

연산에서 가역적이라 함은 연산된 출력 데이터로 입력 데이터를 복구해낼 수 있다는 뜻이며, 비가역은 그 반대이다. 예를 들어 우리가 쓰고 있는 컴퓨터의 CPU가 가장 흔하게 하는 계산 중의 하나는 소위 AND 연산이라는 것인데, 이 연산은 두 개의 입력신호를 비교하여 두 개가 모두 1이면 1을 출력하고 그렇지 않으면 0을 출력한다. 만일 1이 출력되면 입력 두 개가 모두 1이었다는 사실을 알 수 있지만 0이 나오면 둘 중의 하나가 0이었는지, 그렇다면 어떤 것이 0이었는지 혹은 둘 다 모두 0이었는지 알 길이 없다. 입력은 2비트이고 출력은 1비트이니 당연한 일이다. 그러므로 가역적인 연산은 최소한 입력 비트 수와 출력 비트 수가 같아야 하며, 이런 연산들만으로도 지금의 컴퓨터가 하는 모든 일을 다 할 수 있음이 증명되었다.

파인먼의 아이디어

폴 베니오프가 자연계, 그 중에서도 양자역학의 지배를 받는 자연계를 가지고 이런 가역적인 연산을 할 수 있겠다고 처음 아이디어를 낸 것은 1980년이었다. 뉴턴 방정식도 그렇지만 양자역학의 파동방정식도 가역적인 성질을 지녔기 때문이다. 1982년에 양자 컴퓨터라는 개념을 처음 만든 사람은 파인먼이었다. 파인먼이 양자 컴퓨터의 개념을 생각하게 된 동기는 베니오프와는 아주 달랐으며, 그 당시에는 베니오프의 연구결과도 몰랐다고 한다. 파인먼은 가역적인 성질에 주목하여 양자 컴퓨터를 생각한 것이 아니라, 연산속도를 획기적으로 높일 수 있는 방법으로서 생각하게 되었다. 가역성과 획기적인 연산 속도는 양자 컴퓨터가 현재 쓰이는 고전 컴퓨터와 다른 두 가지 대표적인 특징이다. 일단 양자 컴퓨터의 엄청난 연산속도에 주목하게 되자 이젠 더 이상 발생하는 열이 주 관심사가 아니게 되었다. 비가역적인 고전전산 방식의 열발생 문제의 해결이라는 소극적 차원에서 바라보는 것이 아니고 양자계만이 지닌 성질을 적극 활용하여 완전히 새로운 차원의 컴퓨터를 만들어 보자는 것이었다.

파인먼이 노벨상을 받은 후 한참 동안 별 뚜렷한 학문적 업적 없이 다방면에 관심을 가지고 있었던 탓이었는지, 사람들은 전산에 관심을 가지는 파인먼을 보고, 그 탓이 당시 'Think Tank'라는 컴퓨터 회사에 다니고 있던 아들 때문이라며 파인먼도 한물갔다고 수군거렸다. 그런데 20년의 세월이 흐르고 난 후 새로운 학문으로 각광받는 분야의 선구자로 다시 언급되고 있으니 역시 파인먼이라는 감탄을 금할 수 없다.

물리학자들은 양자계를 연구하기 위해 컴퓨터를 많이 쓰는데, 실용적인 결과를 얻기가 쉽지 않다. 컴퓨터의 용량에 비해 계산해야 할 양이 훨씬 많아 효율적으로 원하는 결과만을 얻기 위해 머리를 싸매야 하기 때문이다. 이는 근본적으로 우리의 컴퓨터가 고전물리에 기초하여 만들어진 기계여서 양자계를 모사하는 데 매우 비효율적이기 때문이다. 예를 들어 스핀에 대해 컴퓨터로 연구한다고 해보자. 스핀이란 입자가 가진 성질의 하나로서 매우 양자적인 현상이어서 정확히 말하려면 많은 설명이 필요하므로 간단히 설명해보자.

물리학에서 물체의 운동을 기술할 때는 운동량이라는 물리량을 많이 사용한다. 운동량이란 물체의 속도에 질량을 곱한 양으로서 그 물체를 멈추게 하기 위해 애를 써야 하는 정도를 나타낸다. 달리 표현하자면 우리가 공에 얻어맞았을 때 받는 충격의 정도를 나타낸다. 같은 야구공에 얻어맞아도 속도가 빠른 공이었다면 충격이 클 것이며, 같은 속도의 공이었다고 해도 탁구공에 얻어맞는 것과 이보다 질량이 훨씬 큰 골프공에 얻어맞는 것은 매우 다르다.

물체가 돌고 있을 때는 운동량보다 운동량에 회전반경을 곱한 각운동량이라는 물리량이 유용하다. 운동량의 경우처럼 대충 이야기하자면 각운동량은 물체의 회전을 멈추기 위해 애를 써야 하는 정도라고 말할 수 있겠다. 물체의 회전에는 공전도 있고 자전도 있다. 양자계의 입자들은 공전하고 있지 않은데도 각운동량을 갖는 경우가 있으며 이는 입자의 고유성질이다. 이 각운동량은 공전에 의한 것이 아니므로 자전이라는 뜻에서 스핀이라고 부른다.

전하를 띤 입자가 회전하면 항상 자기장이 생성되기 때문에 여기서는 일단 스핀이란 말이 나올 때마다 작은 자석을 상상하면 되겠다. 이 자석은 어떤 방향으로도 향할 수 있으므로 스핀의 방향을 나타내기 위해서는 2개의 변수, 즉 2차원이 필요하다. 일반적인 위치는 3차원으로 나타내지만 스핀의 크기는 고정되어 있으므로 2차원이면 충분하다. 이런 스핀을 가진 입자가 두 개 있다면 각각의 스핀에 2차원씩 총 4차원이 필요하며, 스핀이 N개 있으면 2N 차원이 필요하다. 이것이 고전 물리에서 스핀을 기술하는 방식이다.

양자역학에서는 이해하고 있는 스핀 상태는 이와 다르다. 스핀이 자석과 다른 한 가지는 윗방향과 아랫방향의 두 고유 상태가 존재한다는 사실인데, 일반적인 스핀의 상태는 중첩의 원리에 의해 윗방향을 향하고 있는 상태와 아랫방향을 향하고 있는 상태의 어떤 선형결합도 가능하다. 이는 2차원 평면에서 기본 벡터 두 개의 선형결합에 의해 모든 벡터 상태를 표시하는 경우와 마찬가지이다. 스핀이 두 개 있으면 4차원이 되는데, 이는 고전적인 경우처럼 2 곱하기 2 해서 4가 되는 것이 아니라 2의 제곱을 해서 4가 된 것이다. 스핀이 두 개면 양자계에서는 두 개가 모두 위를 향한 상태와 모두 아래를 향한 상태, 그리고 하나는 위 나머지 하나는 아래를 향한 두 상태, 이렇게 총 네 개의 상태가 임의로 중첩될 수 있기 때문이다. 스핀이 3개면 모두 8개의 상태가 임의로 중첩될 수 있으며, N개의 스핀에는 총 2^N의 차원으로 기술되는 상태들이 존재한다.

2N과 같이 증가하는 수와 2^N같이 지수적으로 증가하는 수의 차이가 엄청남은 어릴 때부터 들어 알고 있는 사실이다. 한 차원마다 적어도 한 개씩의 변수가 필요하므로 이를 위해 메모리 한 바이트씩만 쓴다고 해도 스핀이 30개면 벌써 1기가 바이트의 메모리가 필요한데, 자연계에 존재하는 물질이 고작 입자 30개로 이루어진 경우란 별로 없다. 소수의 원자로 이루어진 분자 몇 개만 다룰 수 있는 정도이며, 원자를 구성하는 전자들을 하나의 입자로 센다면 구리나 아연 원자 하나 정도를 연구할 수 있을 뿐이다(대학에서 물리학 과목을 수강한 적이 있는 독자를 위해 정확히 말하자면 여기서는 스핀 값이 1/2인 경우를 설명하고 있으며, 파동함수의 규격화 및 계수가 복소수인 점을 고려하면 실제로는 차원값이 좀 달라진다. 그러나 차원이 지수적으로 증가한다는 점에는 변함이 없다).

파인먼이 제시한 아이디어는, 그렇다면 양자계로 이루어진 컴퓨터를 만들면 양자계를 잘 모사할 수 있지 않느냐는 것이었다. 이론상 스핀을 가진 입자 N개로 이루어진 양자계를 모사할 때 같은 크기의 양자계는 같은 차원을 갖게 되므로 효율적으로 모사할 수 있다. 더구나 거꾸로 양자 컴퓨터로 고전계를 모사한다면 얼마나 환상적일 것인가. 이 아이디어는 결국 현실화되었으며 양자계로 양자계를 모사한다는 파인먼의 처음 아이디어도 양자 컴퓨터 연구의 주 테마 중 하나이다. 양자 컴퓨터가 이런 환상적인 능력을 보유하는 근원을 찾다보면 결국 양자계가 파동의 중첩성을 갖기 때문이라는 사실을 놓치지 않았으면 한다. 양자 컴퓨터는 이렇게 시작되었다.

양자계는 중첩성 이외에도 고전계와는 다른 점들이 있으며 중첩성만 해도 연산에만 국한해서 적용할 필요는 없다. 양자계의 여러 성질들을 정보기술의 여러 분야에 적용해보면 어떻게 될까? 반도체 업계에서는 소자에서 나타나는 양자효과를 제거하고 기존의 고전물리에 기초한 작동방식을 고수하기 위해 막대한 인력과 자금을 투자하고 있으나, 그렇게 양자효과를 방해물로 보지 말고 관점을 바꿔 이를 적극 활용해서 새로운 기술을 발전시킬 수 있지 않을까? 이 새로운 패러다임은 고전물리에 근거해 기존에 활용되었던 정보과학의 모든 기술을 양자역학적 관점에서 다시 생각해보자는 것으로 양자정보과학이라 불리며 양자 컴퓨터도 그 연구 분야 중의 하나이다.

양자전산의 발전과 함께 양자역학과 정보와의 관계에 대한 물리적 이해가 깊어지면서 이를 이용한 특이한 기술들이 제안되기 시작했는데, 그 중 대표적인 것이 양자암호통신과 양자공간이동이다. 양자암호통신은 도청이 근본적으로 불가능한 통신수단이며 양자공간이동은 무협지에 나오는 고수들이 순간적으로 이동하는 바로 그 현상을 지칭하는데, 이 모두 베넷이 제안한 것이다. 베넷은 1973년에 양자 컴퓨터의 개념을 유도한 가역적 연산을 제시하였고, 1984년에는 양자암호통신을, 그리고 1993년에는 양자공간이동을 발표하였다. 베넷이 양자정보과학에 대한 논문들을 발표하러 학회장에 갔을 때는 귀 기울이는 사람이 아무도 없어 자기가 붙인 포스터 옆에 혼자 우두커니 서 있곤 했다고 한다. 알아주지 않는 연구를 20년 동안이나 꾸준히 해오면서 10년에 한 번씩 큰 사건을 일으킨 것이다. 학문적으로 의견이 달랐지만 꾸준히 후원해 준 란다우어가 없었다면 오늘날의 베넷이 없었을 것이다. 베넷은 오래 살기만 하면 언젠가는 노벨상을 받을 사람이다. 노트북 양자 컴퓨터가 개발되려면 아직 좀 요원하고, 살아 있는 사람에게만 노벨상을 수여하기 때문이다. 아무도 알아주지 않는 설움의 시절을 겪어서 그런지 베넷은 그런 위치에 있는 학자답지 않게 성품이 소탈하다.

양자정보과학

양자정보과학 혹은 기술은 문자 그대로 양자적인 상태로 주어진 정보를 처리하는 기술을 말한다. 고전정보기술과의 차이를 설명하기 위한 예로 아래 그림과 같은 되먹임 회로를 생각해보자. 되먹임 회로란 조절장치가 시스템을 구동하면 그

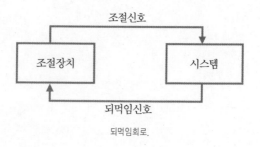

되먹임회로.

결과가 조절장치에 다시 전달되고(되먹임), 이 되먹임 신호에 따라 조절장치가 시스템으로 가는 조절신호를 변형하여 결과적으로 우리가 원하는 상태에 시스템이 있도록 하는 장치를 말한다. 이런 장치는 우리 생활에도 매우 밀접하고 많이 쓰이는데, 예를 들어 에어컨에서는 온도조절장치가 컴프레서를 켜고 난 후 방 안의 온도를 되먹임으로 받아들인다. 조절장치에서는 이 온도가 설정된 온도와 비교되며 그 결과에 따라 컴프레서를 계속 켜둘 것인지 끌 것인지를 결정한다.

설명을 듣고 많은 독자들이 눈치 챘겠지만 되먹임은 기계 장치에만 쓰이는 것이 아니고 생물체가 신진대사를 조절할 때도 사용하는 방법이다. 우리의 위가 비면 뇌가 배고픔을 느끼고 뭔가 채워 놓고 싶은 욕망을 일으키며 대부분의 경우 우리는 뇌의 신호에 충실하게 반응한다. 밥을 먹어 위가 가득 차면 위의 압력에 대한 신호가 뇌에 되먹임으로 전달되어 배고픔을 느끼지 못하게 된다고 한다. 뇌는 위의 압력신호를 지속적으로 되먹임으로 받아들여 일정 수준에 도달할 때까지 배고프다는 조절신호를 내보내고 있는 셈이다. 이렇게 조작한 결과를 보고 다음 단계의 조작을 결정하는 과정은 기계나 생물체는 물론 교육이나 경제 등 사회 전반에서 사용하고 있는 익숙한 체계이다.

이 되먹임 신호가 설정치보다 높으면 낮추는 방향의 조절 신호가 전달되며 낮으면 높이는 방향의 신호가 전달되어 시스템이 일정한 값을 유지하도록 하는 경우가 일반적이나, 공진을 일으키는 경우와 같이 그 반대인 경우도 있다. 조절신호의 크기가 되먹임 신호와 설정치의 차이에 비례하는 되먹임도 있고, 어떤 쪽이 크냐에 따라 부호만이 달라지는 단순한 되먹임도 있다. 되먹임 신호가 0 또는 1의 값만을 갖는 경우에는 조절신호의 변화도 두 가지만 존재한다. 예를 들어 싸구려 온도조절기에서는 되먹임 신호가 0이면 전기를 공급하고, 1이면 전기공급을 차단한다. 그런데 되먹임 신호가 0이나 1이 아니고 0과 1의 중첩인 상태로 들어오면 어떻게 될까?

이런 희한한 상황을 처음 공상한 사람은 MIT의 기계과에 재직하고 있는 세스 로이드이다. 양자정보과학에서 중요한 기술의 대부분은 베넷의 머리에서 나왔으며, 현재 이 분야는 그를 비롯한 정보과학자들이 주도하고 있는데 독특한 예외가 로이드이다. 되먹임기술이 기계장치의 조절에 많이 쓰이는 중요한 기술이기는 하지만, 현재 양자정보기술은 우리가 아는 전통적인 기계와는 아무 상관도 없는 수준인데도, 한참 먼 미래를 보고 물리학 박사를 교수로 채용한 MIT 기계과와 같은 유연성을 한국에서는 기대하기 힘들다.

공간이동과 양자암호통신

요사이 유행어가 된 IT, 즉 정보기술은 크게 통신과 컴퓨터로 분류할 수 있겠는데, 양자정보과학 혹은 기술도 이런 고전적인 첨단기술처럼 크게 컴퓨터와 통신 분야로 나눌 수 있다.

이 책의 주제는 양자 컴퓨터이나, 보통 양자 컴퓨터라고 하면 양자정보과학 전체를 뜻하기도 하므로 양자정보통신에 대해서도 간단히 설명하고 넘어가려 한다. 양자정보통신에서 대표적인 기술은 공간이동과 양자암호통신이다. 공간이동은 양자암호통신보다 역사적으로 나중에 제안되었으나 원리가 좀 복잡하여 먼저 간단히 설명하려 한다. 공간이동에는 양자계의 성질 중 소위 얽힘이라는 현상이 관여되어 있다. 나는 전문가들을 대상으로 강연할 때도 수식을 쓰지 않고 그림 등으로 개념만을 표현하려 애쓰는데, 그게 안 되는 몇 가지 예 중의 하나가 얽힘이다. 우리가 그림으로 이해한다는 것은 우리의 경험에 비추어 이해한다는 뜻이며, 우리의 경험이란 순전히 고전적인 것인데 반해, 얽힘이라는 현상은 순수하게 양자계에서만 나타나는 성질이어서 고전적인 비유가 불가능하기 때문이다.

공간이동을 영어로 표현하면 원격이동(teleportation)이라고 하는데, 원래 과학에서 사용하는 용어는 아니고 우리가 아는 대로 내공이 높은 고수들이 순간적으로 먼 장소로 이동한다는 비과학적인 현상을 지칭하는 속어이다. 영화 「스타트랙 *Star Trek : Nemesis*」에서 사람은 빔업이나 빔다운하여 우주선과 행성 사이를 탈것을 이용하지 않고 이동하는 등 공상과학에서도 사용되던 말이다. 이는 순간이동이라고도 하는데 적절한 표현이다. 서울역에서 사라진 사람이 5시간 후에 부산역에 나타난다고 해서 신기할 것은 없으니까.

초현실적인 현상으로서의 공간이동은 물체가 공간상의 한

위치에서 다른 위치로 순간적으로 이동함을 뜻하지만, 양자적 공간이동은 어떤 물체를 구성하는 양자계의 상태 정보가 순간적으로 전달됨을 의미한다. 정보만 전달되면 우주 안 어디에나 있는 원소들을 모아 그 물체를 재구성할 수 있다. 물론 이 과정이 쉬운 것은 아니겠으나 아직은 이런 문제까지 걱정할 여력이 없다.

실제 물체를 옮기는 것이 아니고 정보만을 이동시키는 것이 무엇이 대단한 발견이냐고 할 수도 있겠으나 양자 상태의 정보를 전달하는 것은 생각처럼 단순한 일은 아니다. 예를 들어 우리의 신체를 영화 「스타트랙」에서처럼 공간이동기계를 이용하여 옮긴다고 할 때, 그 기계는 자기가 뭘 전달해야 하는지 알아야 하므로 우선 이동 대상에 대한 정보 수집, 즉 측정이라는 행위를 해야 할 것으로 생각된다. 그런데 앞서 양자역학의 가설에서 설명했다시피 일반적인 양자 상태는 측정에 의해 고유 상태로 변화한다. 그러므로 어떤 물체를 완벽하게 공간이동하기 위해서는 그 물체의 미시적인 양자 상태도 정확히 같게 전달해야 하는데, 이 과정에서 양자 상태를 측정하면 이미 이동시키려 한 애초의 상태는 변질된다. 내 머리를 구성하는 입자들의 스핀 상태가 변화한 채로 공간이동이 된다면 저쪽에서 재구성된 내가 과연 나와 똑같은 생각을 하는 나일 것인지 아무도 확신할 수 없을 것이다. 양자적 공간이동은 이동시키려는 대상의 양자 상태를 모르고도 전달할 수 있다는 점에 의의가 있다.

공간이동에 대한 설명을 하면 맨 처음 듣는 질문이 언제쯤 사람을 옮길 수 있는가인데, 아직은 요원하다고밖에는 말할 수 없다. 여러 가지 문제가 있는데, 그 중 하나는 인체를 구성하고 있는 입자의 수가 너무 많아 현재의 기술로 이에 대한 정보를 모두 옮기려면 천문학적 시간이 걸린다는 점이다. 우리의 태양계에서 가장 가까운 별은 빛 속도로도 4년이 걸린다고 하니 우리 살아생전에 가보려면 공간이동밖에는 기대할 것이 없다. 그런데 현재의 양자공학기술로 우리의 신체에 대한 정보를 옮기는 시간은 우주의 나이보다도 오래 걸리기 때문에, 양자 상태로 구현된 비트에 큐빗이라는 이름을 처음 도입한 벤자민 슈마허의 표현대로 "차라리 걸어가는 게 낫다".

더 큰 문제는 정신이다. 공간이동술을 이용하여 저 멀리에 나와 똑같은 구조물을 만들었다면 그 구조물이 나인가 아니면 여기 있는 원본이 나인가? 아니면 둘 다 나인가? 우선 둘 다 나일 수는 없다. 원본과 이동된 물체가 완전히 같다면 이는 복사된 것인데, 양자정보과학에서는 복제가 불가능함이 증명되어 있다. 이 법칙의 내용은 임의의 양자 상태와 똑같은 상태를 만들어낼 수는 없다는 것인데, 이를 두고 과학자들은 농담하기를 "양은 복제할 수 있지만 전자는 복제할 수 없다"고 한다. 이 말이 왜 농담인지 생각해야 하는 독자들을 위해 해설하자면, 물리학적으로 보면 전자같이 간단한 물체도 복제가 안 되는데 신문에서는 양같이 복잡한 물체도 복제한다고 하니 우습지 않느냐는 뜻이다. 물론 생물학에서 말하는 복제와 물리학

에서 말하는 복제의 의미가 다르기 때문에 생긴 농담이다. 둘 다 나일 수가 없다면 원본이 나일 것 같지만, 공간이동을 하면 이쪽에 있는 입자의 상태는 정확히 저쪽에 전달되는 대신 이쪽 입자의 상태가 변질되기 때문에 이동되어 재구성된 인간이 더 '나'에 가깝다. 그렇더라도 내 신체가 저쪽에서 재구성되는 순간 내 정신도 그 육체에 들어가게 될까? 이쪽의 원본 상태가 바뀌어 있는 동안 내 정신은 어디에 가 있어야 할까? 나라면 미래에 발명될 공간이동기계에 맨 처음 들어가지는 않겠다.

공간이동은 정보를 멀리 떨어진 곳에 보내는 기술이기는

하지만 보내는 쪽에서도 자기가 보내는 정보를 모른 채 보내므로 정보교환에 사용할 수는 없다. 보내고 싶은 정보를 보내면서 양자역학의 원리를 이용하여 도청이 불가능하게 하는 기술이 양자암호통신이다. 양자암호통신은 양자 컴퓨터와 함께 선진국들이 정부 차원의 연구지원을 앞다투게 한 또 하나의 축이었다. 두 기술 모두 암호와 관련이 깊은데다가 양자전산에 비해 그 기술의 영역은 좁지만 금방 실용화할 수 있기 때문이다.

통신은 유선·무선 어떤 방법으로든 할 수 있지만 무선통신, 그 중에서도 빛을 사용하는 경우를 생각해보자. 라디오·TV 등과 같이 여러 사람에게 동시에 수신시키려 할 때는 모든 방향으로 나가는 전자기파를 사용하겠지만 두 사람이 비밀통신을 할 때는 레이저같이 특정한 장소에만 도착하는 빛을 쓸 수 있다. 이 경우 도청을 하려면 다음 그림(p.42 위)과 같이 빛이 지나는 경로의 중간에 반투명 거울을 써서 두 사람이 통신에 사용하는 빛의 일부를 가로채야 한다. 그냥 거울을 사용해도 신호를 가로챌 수는 있지만 그러면 수신자 쪽으로 가는 빛이 전혀 없어지고 수신자가 이상하다고 눈치 채게 되므로 그건 도청이 아니다. 그런데 신호로 보낼 빛을 약하게 해서 신호 하나당 광자 하나씩 보내게 되면 광자는 쪼개지지 않으므로 도청이 불가능하다. 그러면 도청자가 취할 수 있는 수단이란 일단 신호를 가로채서 읽고 난 후 다시 같은 신호를 수신자에게 보내는 것이다.

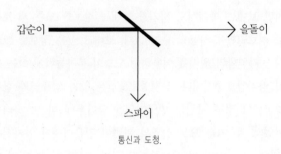

갑순이 ━━━━━━━━━━━ → 을돌이

스파이

통신과 도청.

양자암호통신은 측정을 하면 상태가 변한다는 양자계의 성질
을 이용하여 도청자가 이렇게 하지 못하게 하는 통신수단이다.

빛은 보통 우리가 전파라고 부르는 전자기파의 일종으로,
그 중에서 우리 눈이 탐지하는 주파수 대역을 가리킨다. 전자
기파는 전기장과 자기장의 파동이며, 이때 전기장이 진동하는
방향을 편광방향이라고 부른다. 빛이 비추어질 때 각 광자는
각각 다른 편광방향을 가질 수 있으며, 물질들은 일반적으로
편광방향에 따라 투과나 반사하는 정도가 다르다. 이런 경향
이 심한 물질을 골라 편광판을 만들어 쓰는데, 이 편광판은 전
기장이 잘 통과하는 편광축을 가지고 있어 광자의 편광방향과
편광축이 일치하면 그 광자는 통과하고 두 방향이 수직이면
통과하지 못한다. 두 방향이 45도의 각을 이루면 통과할 확률
이 반이다. 우리가 햇빛과 같이 모든 방향의 편광을 가지는 광
자들이 쏟아져 들어오는 빛을 편광판을 통하여 볼 때 빛의 밝
기정도가 가려지는 이유가 바로 이것이다. 광자들 중 반은 통과
하고 반은 통과하지 못한다.

선글라스는 좀 비싸도 편광판을 이용한 제품을 사용하는 것이 좋다. 스키장이나 해변, 도로 등에서 운전할 때, 눈이 부실 때 주로 우리 눈에 들어오는 빛은 바닥에 반사된 빛인데, 이런 빛은 보통 바닥 방향에 평행한 편광성분의 광자들이 많다. 따라서 수직편광 선글라스를 쓰면 눈부시게 만드는 광자만을 주로 걸러내지만 싸구려 선글라스는 모든 방향의 광자들을 일률적으로 걸러내기 때문에 눈부심을 없애면 다른 물체들도 잘 안 보인다. 편광판을 쓴 선글라스는 두 개의 렌즈를 겹쳐 놓고 돌려보면 투명해졌다 어두워졌다 하며, 이 정도 차가 심할수록 좋은 제품이다.

빛의 여러 성질 중에서 이러한 편광성질을 이용하는 양자 암호통신기술이 가장 먼저 개발되었다. 이 기술에서는 대각방향으로 편광된 빛을 수직 또는 수평방향의 편광판을 통과시키면 광자가 통과할 확률과 통과 못할 확률이 반반이라는 사실을 이용하여 다음 표와 같이(p.44 위) 도청할 수 없게 통신한다. 미국 속담에 '늙은 개에게는 새로운 기술을 가르칠 수 없다'라는 말이 있다고 하는데, 다음의 통신 방법을 한 번 읽고 깨닫는 독자가 있다면 늙은 머리가 아닌 정도가 아니라 논리적 사고 능력이 대단히 뛰어난 분이다.

갑돌이와 을순이가, 아니 갑순이와 을돌이가 편광된 빛과 편광판을 이용하여 5비트의 정보를 주고받는 방식을 생각해보자. 통신을 시작하기 전에 갑순이와 을돌이는 0은 수직(|)이나 오른쪽 대각방향(/)으로 편광된 광자로, 1은 수평(−)이나 왼

갑순이	1	0	0	1	1
	×	+	×	×	+
	\	|	/	\	−
을돌이	\	|	/	\	−
	+	+	×	+	+
	0	0	0	1	1

갑순이와 을돌이의 양자암호통신.

쪽대각방향(\)으로 편광된 광자를 사용하기로 미리 약속한다.
표에서 맨 윗줄은 갑순이가 전달하고자 하는 원문이며 둘째
줄의 ×나 +는 대각이나 수직수평의 편광방향을 의미한다. 갑
순이는 원문의 각 비트에 대해 대각편광을 사용할 것인지 수
직수평 방향의 편광을 사용할 것인지를 무작위로 선택한다.
표의 예에서는 첫 비트의 편광방향은 대각방향, 둘째 비트는
수직수평방향 등으로 선택되었다. 그러면 첫 비트 1은 \방향
편광, 둘째 비트 0은 수직방향 편광, 이런 식으로 암호화된다
(셋째 줄).

표의 넷째 줄은 을돌이가 받게 되는 신호로 셋째 줄과 같으
며, 물론 을돌이는 어떤 신호가 왔는지 전혀 모른다. 다섯째
줄은 을돌이가 신호를 해독하기 위해 사용하는 편광판의 방
향, 그리고 여섯째 줄은 선택한 편광판으로 측정한 편광방향,
즉 해독문을 나타낸다. 을돌이도 사용할 편광판의 방향을 무
작위로 선택하며 따라서 해독한 결과는 맞을 수도, 틀릴 수도
있다. 을돌이가 운 좋게 갑순이와 같은 편광방향을 선택한 경

우에는 물론 원문의 비트가 전혀 오류 없이 복구된다. 예를 들어 갑순이가 보낸 암호문의 첫 비트는 \방향 편광인데, 을돌이가 대각방향을 택하여 \방향의 편광판을 택했다면 100% 확률로 광자가 검출될 것이고, /방향을 택했다면 100% 검출되지 않을 것이므로 어느 경우에나 을돌이는 받은 빛의 편광방향이 \임을 알게 될 것이다. 그러나 표의 예에서처럼 을돌이가 수직 수평방향을 택하면 수직 편광판을 쓰나 수평 편광판을 쓰나 맞는 결과를 얻을 확률은 1/2이다. 표의 예에서는 운이 없어서 틀린 결과를 얻었다(여섯째 줄).

어쨌든 을돌이는 이런 식으로 문장을 나름대로 해독한 후, 각 비트를 해독할 때 사용한 편광판의 방향만을 갑순이와 (도청이 가능한) 전화로 맞추어 본다. 그러면 두 사람은 제대로 전달되었어야만 하는 비트들이 어떤 것인지 알게 된다. 표의 예에서는 2, 3, 5번째 비트들이 이에 해당한다. 이제 갑순이와 을돌이는 이 비트들 중 몇 개만을 골라 서로 숫자를 맞추어 본다. 그러면 다음에서 설명하듯이 도청이 있는 경우에는 이 비트들이 서로 다를 수 있으며 모두 같은 경우에는 도청이 없었음을 확신할 수 있다. 도청이 없었음이 확인되면 이제 갑순이와 을돌이는 편광판의 방향이 맞는 비트들 중에서 도청 여부를 판단하기 위해 전화로 확인했던 비트들을 뺀 나머지 비트들을 둘이서만 공유하게 된다. 이 비트들의 값은 전화로 이야기하지 않으므로 도청자는 알 수 없다. 예를 들어 표의 2, 3번째 비트를 도청 확인에 사용하면 도청 가능한 전화로 말하지 않은 나머지 5번째 비트를 도청자 모르게 둘이서만 간직한다.

갑순이가 을돌이에게 처음에 비트들을 보낼 때는 을돌이가 어떤 것을 정확하게 해독할지 알 수 없으므로 물론 이 비트들에 어떤 내용을 담아 전달하는 것은 불가능하다. 하지만 다음 장에서 보게 되듯이 이 정보는 앞으로 보낼 암호통신문을 풀 열쇠로 사용할 수 있다. 암호통신문을 도청해도 열쇠가 없으면 풀지 못한다. 위의 예에서와 같이 단지 2비트만을 확인하면 도청이 있었는데도 모두 같을 확률도 있고 통신상의 오류도 있을 수 있으므로, 실제로는 물론 도청 확인에 수십 비트 이상을 사용하며 열쇠로 사용할 숫자도 마찬가지이다.

광자를 이용한 이런 교신에서는 갑순이가 보내는 신호를 변형시키지 않고 도청하는 것이 불가능하다. 이 실험처럼 단일 광자에 비트 하나씩을 실어 보내면 스파이는 신호 전체를 완전반사경을 사용하여 가로챈 후 이 신호를 해독하고 나서 자신이 해독한 비트에 따라 신호를 생성하여 을돌이에게 보내는 수밖에는 없다. 그러나 위의 갑순이와 을돌이와의 통신에서 보듯이 갑순이가 편광판 방향의 정보를 제공하지 않는 한 신호를 오류 없이 해독하는 일이 불가능하며 따라서 도청자가 제대로 원문을 복구하여 을돌이에게 보내는 일도 불가능하다. 그러므로 위의 예에서 을돌이가 받는 신호(넷째 줄)는 갑순이가 보낸 신호(셋째 줄)와는 다르게 되고, 2, 3, 5번째 비트들을 비교하면 틀린 비트가 나올 확률이 높으며 통신 비트 수를 늘이면 이 확률은 원하는 정도까지 높일 수 있다.

이 방식에서 갑순이와 을돌이가 편광판의 방향이나 비트를 확인하기 위해 한 통신은 모두 도청되어도 무방하다. 도청자가 도청을 했으면 두 사람이 눈치를 채고 교신된 내용을 모두 버릴 것이고 도청을 안 했으면 편광판의 방향을 알아도 이미 신호는 을돌이에게 다 전달된 후이니까 소용없다. 양자암호통신에는 이 밖에도 여러 가지 방법이 더 있다. 도청이 없어도 신호전달에는 늘 오류가 있게 마련인데, 이 오류와 도청 여부는 구별할 수 없다. 오류가 조금 있다고 해서 통신된 신호를 늘 폐기하는 것은 경제적이지 않으므로 오류의 확률이 유한한 전달체계에서 도청 가능성을 최소화하는 많은 연구도 진행되고 있다.

베넷이 있는 IBM 그룹은 이미 1994년에 이 암호통신의 특허를 획득하고 있었다. 2003년 현재, 지상실험은 수 킬로미터를 성공하였으며, 광섬유를 이용한 실험은 약 100킬로미터의 거리에서 성공하였다고 한다. 이 정도의 거리면 한 도시를 커버하기 때문에 완전히 실용화 수준에 있으며, 실제로 유럽에는 벌써 양자암호통신 벤처 기업이 생겼다. 이 벤처 기업은 양자암호통신과 원격이동실험에서 선두를 달리고 있는 프랑스의 지생 교수가 만든 것인데, 암호의 파괴력을 생각할 때 2~3년 안에 시제품이 팔리기 시작할 것이라고들 생각한다. 레이저가 지표 근처를 통과할 때는 공기에 의한 교란이 많아 지상에서 1㎞ 통신이 가능하면 인공위성과 지상국과의 통신도 가능하기 때문에 NASA에서도 실용화를 위해 연구하고 있다. 순간이

동은 약 55미터의 거리에서 성공하였으며, 광섬유를 이용한
실험에서는 약 2킬로미터에서 성공하였다.

암호 이야기

양자암호통신뿐 아니라 양자 컴퓨터도 암호와 밀접한 관계가 있다. 이 새로운 양자정보기술들이 몰고 온 충격을 이해하기 위해서 잠시 암호 이야기로 넘어가 보자. 암호의 역사는 고대로부터 시작하는데, 시저는 자신의 집안에서는 알파벳을 2개씩 밀려 쓰는 식으로 암호를 사용했다고 한다. 예를 들어 SPIN을 URKP로 표시하는 식인데, 시저가 암살당하는 날도 가족들이 이런 방식으로 조심하라는 암호문을 보냈었다고 한다. 이렇게 모든 알파벳을 일률적으로 밀려 쓰는 방식은 1개씩 밀어 써보고 문장이 되지 않으면 2개씩 밀어 써보고, 이런 식으로 (영어일 경우) 26까지 밀어 써보면 그 중 하나는 의미 있는 문장이 나타나게 마련이다.

이런 방식은 금방 들통이 나므로 좀더 발전된 방식의 암호 체계에서는 알파벳의 순서를 무작위로 뒤바꾸어 버린다. 이런 암호문을 무작위로 복구하려면 26!가지의 경우 수 가운데 한 가지가 걸려야 하는데, 이 경우 수는 무려 10^{27} 정도나 되기 때문에 똑똑한 사람은 이런 시도를 하지 않는다. 이런 경우에는 일반문장에서 나타나는 알파벳의 출현 빈도의 통계를 사용한다. 예를 들어 영어에서는 e의 발생 빈도가 가장 높고, 그 다음이 t, 이런 식으로 통계가 다 나와 있기 때문에 암호문에서 가장 많이 나타나는 문자를 e로 바꾸고, 그 다음으로 많이 나타나는 알파벳은 t로 바꾸는 식의 작업을 계속하면 원문이 복구된다. 에드가 앨런 포우의 소설에서도 탐정이 이런 식으로 암호문을 푸는 장면이 나온다.

이와 같이 암호문의 알파벳과 원문의 알파벳을 일대일 대응시키는 순진한 방식이 오랫동안 사용되었다. 제1차세계대전시의 전설적인 여간첩 마타하리의 악보 암호도 알파벳 대신 음표를 사용했을 뿐 이런 방식에 해당된다. 암호문을 만들 때나 해독할 때는 소위 암호열쇠라 불리는 숫자를 사용하는데, 시저의 암호에서는 숫자 2가 이에 해당한다. 일대일대응방식의 암호는 알파벳마다 하나씩 모두 26개의 열쇠가 있는 셈이다. 세계대전을 거치는 동안 암호의 중요성이 커지면서 열쇠는 점점 더 복잡해지고 현대의 암호는 문장의 매 글자마다 쓰이는 열쇠가 다르다. 난수를 암호문의 글자수만큼 발생시켜 각 글자의 열쇠로 사용하기 때문에 같은 e라고 하더라도 나올 때마다 밀려 쓰이는 정도가 달라져서, 암호문에서 알파벳 사용 빈도의 통계를 찾아볼 수 없다. 한때 간첩 소지물의 대명사로 널리 알려진 난수표는 바로 매 글자마다 사용될 열쇠의 표이다.

제2차세계대전 때 독일은 하나의 대표열쇠에서 난수표를 발생하는 에니그마(enigma)라는 기계를 암호통신에 사용하였는데, 우수한 종족인 게르만이 만들어낸 암호체계를 격파할 나라는 없을 것이라고 자만하다가 전쟁에 지고 말았다. 얼마 전에 나온 영화 「U571」은 바로 이 에니그마의 열쇠 목록을 구하기 위해 영국 해병이 침몰하는 독일 잠수함에 뛰어드는 이야기로, 실화에 바탕을 둔 영화다. 독일 잠수함의 수병들이 암호 관련 자료를 모두 파기할 새도 없이 급히 탈출한 후에 영국 해병 셋이 뛰어들었는데, 실제로 그 중 둘은 잠수함과 함께 침몰하고 하나가 간신히 그 문서를 들고 살아 나왔다고 한다. 영국에서는 독일의 암호를 해독할 수 있게 된 후에도 결정적인 때에 써먹기 위해 이 사실을 감추고 독일을 안심하게 했다. 초기에 해독된 암호 중에는 독일이 영국의 어느 소도시를 공습할 계획이 있었는데, 처칠의 명으로 시민들을 대피시키지 않고 그냥 공습하게 내버려 두었다고 한다.

암호를 해독하는 데는 암호문의 원문을 구해 대조해가며 해독하는 방법과 원문 없이 시행착오를 거쳐 열쇠를 알아내는 방법 그리고 기타의 방법이 있는데, 기타에 속하는 방법으로는 적군을 납치해 고문하는 방법이 있다. 어떤 경우이건 비용이 많이 든다. 제2차세계대전 때에 영국은 블레츨리 파크라는 곳에서 1만 명이 넘는 인원이 일하는 암호해독기관을 비밀리에 운영했다. 여기에는 현대 컴퓨터의 개념적 모형을 처음 제시한 천재 알란 튜링이 있었으며, 그는 여기서 처음으로 컴퓨터를 만들었다. 우리는 인류 최초의 전자계산기가 에니악(ENIAC)이라고 배웠으나 실제로는 이곳에서 만들어진 것이 최초이다. 그러나 이 기관에서 행해진 일은 모두 비밀에 부쳐졌기 때문에 1970년대에 와서야 비로소 이 사실이 알려졌다. 이 기관에서 최초로 했으나 발표를 하지 않은 것은 이것뿐이 아니다. 다음에 설명하려는 공개열쇠암호를 개발한 사람들은 특허를 획득해 많은 돈을 벌었는데, 사실 이와 유사한 암호체계가 제2차세계대전 당시 이미 이 기관에서 개발되었으나 개발 당사자들은 비밀을 지키기로 서약했기 때문에 한 푼도 벌지 못하고 죽었다.

여태까지 설명한 암호체계를 비밀열쇠방식이라고 하는데, 이런 암호체계의 보안은 대표열쇠의 기밀성에 전적으로 의존하게 되므로 열쇠의 전달과 보안유지에 비용이 많이 든다. 이런 단점을 개선하여 현재 비밀열쇠암호체계와 함께 암호의 양대 산맥을 형성하고 있는 방식이 공개열쇠암호체계이다. 이 암호체계에서는 나에게 암호문을 보내고 싶은 사람이 사용해야 할 숫자들을 공개적으로 밝힌다. 이 숫자들을 이용하여 만들어진 암호는 나만이 해독할 수 있으며 암호문을 보낸 사람조차도 원문을 분실하면 재생할 수 없다. 이는 두 숫자를 곱하기는 쉽지만 소인수분해하기는 어렵다는 사실을 이용한 것이다. 17의 제곱이 289임을 계산하기는 쉽지만 289가 소수인지 아닌지 알려면 이보다 훨씬 많은 시간을 투자해야 하며, 계산 시간은 자릿수의 증가와 함께 급격히 증가한다. 공개열쇠암호 중에 대표적인 RSA 암호체계를 만들어 갑부가 된 발명가 세 명은 1977년에 과학 잡지에 제시한 129자리 수를 소인수분해하면 상금 100불을 주겠다고 광고를 냈는데, 이 문제가 풀릴 때까지는 17년이 걸렸다고 한다.

암호는 스파이들만 쓰는 것이 아니라 정치, 행정, 산업, 금융 등 우리의 실생활에 깊숙이 관여된 많은 분야에 사용된다. 우리가 사용하는 신용카드, 은행단말기, 인터넷 상거래 등에서 사용되는 암호체계가 깨진다면 이는 곧바로 우리나라 산업 전체의 붕괴로 이어질 수 있음을 쉽게 짐작할 수 있다. 우리나라의 암호연구는 역사가 짧아 선진국에서 개발된 방식을 거의 그대로 쓰고 있다고 한다. 이 암호들은 미국의 국가암호국(National Security Agency : NSA)이라는 곳에서 누구나 사용할 수 있도록 표준체계로 공표한 것들인데, 사용하는 기관이 자체의 대표열쇠만 잘 보관하고 있으면 그 암호체계를 잘 아는 사람도 해독할 수 없다. NSA에서 그렇게 이야기하기는 하지만 사실은 NSA가 마치 마스터키를 가진 것처럼 모든 해독 방법을 가지고 있는 것은 아닌지 의심이 끊이지 않는다.

영화 「스니커즈」에서 FBI나 CIA보다 더 비밀스러운 조직으로 등장하여 로버트 레드포드의 일당과 두뇌 싸움을 벌이는 기관이 바로 NSA이다. 이 기관은 1952년에 설립되었는데 미국 내에서도 그 존재 자체가 일반에게 알려져 있지 않다가 1968년 북한이 푸에블로호를 납치한 사건이 일어났을 때 처음으로 수면에 떠올랐다고 한다. 이곳에서는 무려 4만 명의 인원이 세계의 통신을 도청하고 해독하고 있으며 암호체계를 개발하고 수·출입을 감시하는 일을 맡고 있다. NSA에서는 40자리수 이하의 열쇠를 사용하는 저급한 암호체계만을 수출하도록 허가하고 있다고 한다.

공개열쇠암호방식은 비밀열쇠암호방식보다 한 걸음 더 발전한 것이지만 이론상 완벽한 보안이 유지되는 것은 아니다. 이에 비해 비밀열쇠암호체계에서는 암호문이 모두 도청되고 도청자가 암호를 푸는 방법을 알고 있다고 해도 대표열쇠를 모르면 안전하다. 두 방식은 장·단점이 달라 모두 사용되고 있으며 중요한 통신에는 비용이 많이 들더라도 비밀열쇠방식이 사용된다. 백악관과 모스크바의 통신에 사용되는 대표열쇠는 지금도 양쪽의 비밀요원이 중간 지점에서 만나 직접 전달한다고 한다. 비밀열쇠방식에서는 대표열쇠를 비밀리에 전달하고 보안을 유지하는 것이 가장 중요한 일인데, 베넷이 발표한 양자암호통신이 바로 이 열쇠를 안전하고 값싸게 전달하는 기술이다.

양자전산의 등장

    파인먼이 개념을 제시한 지 3년 뒤에 양자 컴퓨터의 구체적인 이론적 모델이 데이비드 도이치에 의해 제안되었다. 도이치는 코펜하겐 해석의 대안으로 나온 이론 중의 하나인 다세계해석을 좋아했으며 원래 이를 지지하는 이론 개발의 일환으로 양자전산을 연구했다고 한다. 도이치가 발표한 양자 알고리듬(algorithm)은 처음으로 양자 컴퓨터의 효용을 증명한 것이었기는 하지만 실제적인 쓸모가 별로 없는 풀이법이었기에, 그후 10년 동안 사람들은 양자 컴퓨터가 근사한 것 같기는 한데 그걸 해서 뭐하냐는 반응을 보였다. 이러한 반응에 쐐기를 박고 양자전산이 폭발적인 관심을 끌게 된 계기는 1994년 벨 연구소의 피터 쇼가 소인수분해 풀이법을 발표하면서이다.

소인수분해는 전 장에서 설명했다시피 공개열쇠암호와 밀접한 관계가 있으므로 이 알고리듬은 공개열쇠암호체계를 격파할 수 있는 잠재력이 있었다. 그래서 과학선진국들의 정부는 일제히 긴장하여 국가 차원의 연구 지원을 서두르기 시작했으며 쇼는 응용수학에서 필드 상에 해당한다는 '너발리나 상'을 수상하는 등 역사에 남을 인물이 되었다.

소인수분해 알고리듬과 함께 현대의 암호체계를 위협하는 또 하나의 양자 알고리듬이 2년 후 같은 연구소의 그로버에 의해 발표되었다. 그로버가 발표한 양자 알고리듬은 데이터 검색 알고리듬이었는데, 데이터의 갯수가 늘어남에 따라 찾는 속도가 기존의 컴퓨터보다 혁신적으로 빠르다. 우리가 100개의 데이터에서 원하는 1개를 찾을 때는 평균적으로 50번 정도면 찾는다. 따라서 N개의 자료에서 1개를 찾을 때 기존의 컴퓨터를 사용하면 평균 N/2번 정도에 찾게 되는데, 그에 반해 그로버의 양자 알고리듬은 N의 제곱근 정도에 가능하다. 예를 들어 56비트로 되어 있는 패스워드를 찾고자 할 때 어렵게 소인수분해하지 않고 무식하게 1부터 집어넣어 찾아낸다고 하면, 컴퓨터의 연산속도가 1MIPS(1초당 백만 번의 연산)라고 할 때 기존의 컴퓨터로는 약 1천 년이 걸리지만 양자 컴퓨터로는 약 4분이 걸린다. 은행의 암호를 푸는 데 1천 년이 걸린다면 안심하고 은행을 이용할 수 있겠지만, 4분이라면 열심히 일해서 돈을 벌려는 사람이 적을 것이다. 데이터 검색 양자 알고리듬의 효율에 대해서, 이 알고리듬의 일반화를 발표하여 세계적으로 주목을 받은 지동표 교수는 이렇게 표현한다. "아이가 구슬 백 개를 가지고 와서 그 중에 감춰진 보석 하나를 찾아달라고 하면 하나씩 찾아도 좋다. 하지만 아이가 구슬을 백만 개 가져오면 차라리 아이에게 양자역학을 가르치고 직접 찾게 하는 것이 낫다."

양자 알고리듬은 왜 고전 컴퓨터에 쓰이는 알고리듬이 못하는 일을 할 수 있을까? 양자 컴퓨터의 원리를 이해하려면 우선 고전 컴퓨터에서 정보들을 어떻게 처리하는지 되돌아보고 이와 비교하는 편이 쉬울 것 같다. 요즘의 컴퓨터는 화려하게 변화하는 영상과 소리를 보여 주고 들려주지만 기본 동작은 예나 지금이나 다름없이 간단한 것들이다. 컴퓨터의 하드웨어는 기본적으로 AND, OR, NOT 등의 간단한 연산을 하는 논리소자들의 조합으로 이루어져 있다. 이 논리소자들은 보통 게이트라고 부르는데, 트랜지스터 몇 개가 조합되어 만들어진다. AND와 OR은 두개의 입력단자와 한 개의 출력단자를 가졌는데, AND는 두 개의 입력이 모두 1일 때만 1을 출력하는 게이트이고, OR은 두 입력 중 하나라도 1이면 1을 출력한다. NOT은 각각 한 개씩의 입력과 출력단자를 가졌는데, 문자 그대로 입력의 반대를 출력하는 게이트이다.

입출력에 쓰이는 이진법 수인 0과 1, 즉 비트는 전압이 0볼트인 상태와 5볼트인 상태로 나타낸다. 게이트를 구성하는 트랜지스터 회로는 게이트가 수행해야 하는 논리연산에 맞게 입력전압에 따라 출력전압을 만들어낸다. 컴퓨터 안의 모든 소자들, CPU나 메모리, 비디오카드 등 디지털 회로는 모두 이런 기본 게이트들로 구성되어 있다. 이 중 CPU는 이런 기본 게이트들을 조합하여 덧셈, 뺄셈 등의 사칙연산, 메모리와의 데이터 교환 등 일이백 개 정도의 작업을 한다. CPU가 하는 작업을 조합하면 우리가 쓰는 컴퓨터의 화면에 그림도 나오고 소리도 나는 것이다.

게이트들은 논리에 대해서는 전혀 모르고 단지 입력단자에 걸린 0볼트나 5볼트의 전압 상태가 주어진 규칙에 따라 전자기력에 의해 변화할 따름이다. 이런 게이트가 아니더라도 두 가지 상태를 주어진 규칙에 따라 변화시킬 수 있는 물리계는 모두 컴퓨터가 될 수 있다. 뉴턴 법칙에 따라 움직이는 당구공도 이론상으로는 컴퓨터로 사용할 수 있다. 이는 비단 고전계에만 국한되는 이야기가 아니고 양자계라고 해도 마찬가지이다. 당구공이 뉴턴 법칙에 따라 움직이는 것처럼 입자의 양자 상태는 슈뢰딩거 방정식에 따라 변화한다.

당구공에 힘이 작용하지 않거나 균형을 이루고 있으면, 소위 관성의 법칙에 의해 운동 상태가 변화하지 않지만 힘이 작용하면 변화하는 것처럼, 양자계의 입자도 힘이 작용하면 상태가 변화한다. 이 힘은 다른 입자와의 상호작용일 수도 있고 우리가 외부에서 걸어주는 전자기장과의 상호작용일 수도 있다. 예를 들어 수소원자에서 핵과 전자 사이의 힘이 갑자기 변한다든지 혹은 외부에서 전자기장을 걸어 전자에 힘을 작용시키면 수소원자의 상태는 변화한다. 이렇게 입자의 양자 상태가 변화하는 것을 물리학자들은 진화한다고 표현하므로 우리도 앞으로는 그렇게 부르기로 하자. 양자전산에서는 처음의 양자 상태를 입력, 변화한 나중의 상태를 출력, 그리고 진화라는 양자계의 메커니즘을 게이트로 취급한다.

양자전산에서도 2진법을 쓰며 양자 비트라는 뜻으로 비트 대신 큐빗(qubit : quantum bit)이라는 표현을 쓰는데, 오해의 소지가 없을 때는 혼용되고 있다. 비트와 큐빗의 다른 점은 비트는 0 아니면 1이지만 큐빗은 0과 1의 중첩이 가능하다는 점을 잊지 말자. 2진법을 쓰는 주 이유는 고전전산에서 잘 발달된 논리대수를 그대로 확장시키기 좋기 때문이다.

0과 1을 나타내는 상태는 보통 때는 변화하지 않고 그대로 있어야 하므로 고유 상태 2개를 택하여 정한다. 예를 들어 수소원자의 바닥 상태와 첫 번째 들뜬 상태를 사용할 수도 있으며, 광자의 두 편광 상태 혹은 스핀이 위로 향한 상태와 아래로 향한 상태를 각각 0과 1로 사용할 수 있다. 일반적인 연산을 위해서는 기본 게이트들을 조합하는 고전전산처럼 필요한 진화연산을 순차적으로 가하여 원하는 결과를 얻는다. 다음의 표에 고전 컴퓨터와 양자 컴퓨터를 요약하여 비교하였다.

	고전 컴퓨터	양자 컴퓨터
비트 상태	0볼트와 5볼트의 전압	두개의 고유 양자 상태
기본 연산자	반도체 연산소자	진화연산
일반 연산	소자의 공간적 배치	순차적인 진화연산

고전 컴퓨터와 양자 컴퓨터의 비교.

양자전산이 고전전산과 가장 다른 점은 비트의 상태가 중첩될 수 있다는 점과 모든 연산은 진화연산으로 이루어지기 때문에 진화연산의 수학적인 성질을 만족하는 연산만이 가능하다는 점이다. 연산은 상호작용의 크기나 작용시간을 조절하여 여러 가지를 만들어낼 수 있다. 그런데 과연 이런 진화연산만으로 모든 알고리듬을 수행할 수 있는 것일까? 고전전산에서는 AND 게이트와 NOT 게이트를 결합한 NAND 게이트 하나만으로 모든 알고리듬을 수행할 수 있음이 증명되었다. 이런 게이트를 범용 게이트라고 하는데, 범용 게이트에는 NAND 게이트만 있는 것이 아니라 NOT과 OR를 결합한 NOR 게이트 등 여러 가지가 있다.

양자전산에서는 입력과 출력 큐빗이 모두 하나인 단일 큐빗 게이트들과 입출력 큐빗이 두 개인 연산들 중에서 소위 조건부 NOT(controlled-NOT : CNOT)이라는 게이트만 있으면 이들의 조합은 범용 게이트가 되며, 진화연산은 이 두 가지를 할 수 있음이 증명되었다. 그러므로 양자 컴퓨터는 모든 알고리듬을 수행할 수 있다.

단일 큐빗 게이트와 CNOT 게이트는 양자전산에서 가장 중요한 게이트들이다. 단일 큐빗 게이트란 한 비트에서 0과 1의 조합을 만들어내는 게이트로서 그 조합비가 무한히 많이 있으므로 게이트 수도 무한하다. 반면 고전전산에서는 한 비트만 처리하는 게이트가 0과 1의 입력에 대해 모두 0을 출력하는 게이트, 1을 출력하는 게이트, 각각 0과 1을 출력하는 게

입력	출력			
0	0	0	1	1
1	0	1	0	1

입력		출력	
C	T	C	T
0	0	0	0
0	1	0	1
1	0	1	1
1	1	1	0

(ㄱ)   (ㄴ)

(ㄱ)고전전산에서 한 비트에 대한 4가지 연산의 진리표. (ㄴ)양자전산에서 CNOT 게이트의 진리표. C는 조건 큐빗을 나타내고 T는 목표 큐빗을 나타낸다.

이트, 각각 1과 0을 출력하는 게이트 등 4가지밖에는 없다.(ㄱ) 이 중 첫째와 넷째는 결과가 늘 일정하므로 논리소자로서의 가치가 별로 없고, 둘째 것은 입력을 그대로 통과시키므로 아무 일도 안 하는 게이트이며, 셋째는 NOT 연산에 해당한다. 고전전산에서는 게이트의 입출력을 표현할 때 위의 진리표를 작성하여 정의하는 방법을 흔히 사용한다. 그런데 양자전산에서는 입력 및 출력 모두가 0과 1의 조합 상태일 수 있으므로 일반적인 게이트는 이런 식으로 표를 작성해 보여줄 수가 없다.

CNOT 게이트는 각각 두 개의 입력 큐빗과 출력 큐빗을 가진 게이트로서 입력 큐빗 중 하나의 상태에 따라 나머지 하나의 상태를 변화시키는 연산자이다. 첫째 큐빗을 조건 큐빗이라 하고, 둘째 큐빗을 목표 큐빗이라 하는데, 조건 큐빗이 0이면 목표 큐빗의 출력은 입력과 같으며 조건 큐빗이 1이면 목표 큐빗의 출력은 입력과 반대가 된다(ㄴ). 조건 큐빗의 상태는 출력에 그대로 복사되며, 이는 순전히 이 연산이 가역적이게 하기 위해 필요하다. 단일 큐빗의 경우와 마찬가지로 양자전산에서는 이 밖에도 무한히 많은 두 큐빗 게이트들이 있다.

조건부 연산은 양자전산에서 중심적인 역할을 한다. 이 연산자는 얽힌 상태를 만들어 주거나 없애주며, 쓸 만한 양자 알고리듬에서는 얽힌 상태가 반드시 나타나기 때문에 조건부 연산을 거치지 않는 알고리듬은 상상하기 힘들다. 이 얽힘이라는 현상은 양자계에서 가장 이상한 일들을 일으키는 주범이기 때문에 여기서 간단하게라도 언급해야겠다. 여태까지 얽힘에 대해서는 대학교 물리학과의 양자역학 교실수업에서조차도 거의 배우지 않고 지나왔다. 양자역학의 해석에 대해서 양자론자들을 가장 곤란하게 만드는 반론은 늘 이 현상이 관여하기 때문이다. 물론 양자정보과학의 중요성이 대두되기 시작하면서 요사이의 양자역학 교과서와 교실수업은 달라지고 있다.

얽힘이란 입자가 여러 개 있을 때 각 입자의 상태가 다른 입자의 상태와 연관이 있는 경우를 뜻한다. 이런 모호한 표현보다는 좀 딱딱하더라도 '얽혀 있지 않은 경우란 한 입자의 측정이 다른 입자의 상태에 전혀 영향을 미치지 않는 경우'라는 표현이 더 이해하기 쉬울 것 같다. 스핀을 예로 들어보자. 스핀은 자석같이 생각할 수 있지만 윗방향과 아랫방향, 이렇게 두 개의 고유 상태를 가진다는 점이 고전적인 자석과는 다르다고 이야기했었다. 물론 이 두 고유 상태가 임의로 중첩될 수 있기 때문에 스핀도 자석처럼 어떤 방향으로든지 향할 수 있지만 측정시에는 반드시 이 두 방향 중의 하나로 나타난다. 스핀이 두 개면 두 개 모두 위를 향한 상태, 하나는 위, 하나는 아래인 2가지 상태, 두 개 모두 아래를 향한 상태, 이렇게 고유 상태 4가지가 존재한다. 두개의 스핀 A, B의 전체상태가 아래의 (ㄱ)이나 (ㄴ)과 같이 고유 상태들의 중첩으로 되어 있는 경우 두 가지를 생각해보자.

(ㄱ) {A, B스핀 모두 위를 향한 상태}
   +{A, B스핀 모두 아래를 향한 상태}
(ㄴ) {A, B스핀 모두 위를 향한 상태}
   +{A스핀은 위, B스핀은 아래를 향한 상태}
   +{A스핀은 아래, B스핀은 위를 향한 상태}
   +{A, B스핀 모두 아래를 향한 상태}

두 개의 파동이 만나면 결과적인 크기는 두 파동함수의 합으로 표시되므로, 중첩 상태는 위와 같이 각 고유 상태를 나타내는 함수들의 합으로 표현된다. 윗식의 (ㄱ)과 같은 상태에 있는 두 스핀 중, A스핀의 상태를 측정하면 기본 가설에 의해 윗방향이 나올 확률과 아랫방향이 나올 확률이 반반이다. B스핀을 측정해도 확률이 반반임은 마찬가지이다. 그런데 A스핀의 상태가 윗방향임을 아는 순간, 중첩 상태는 측정 후 고유 상태 중의 하나로 변화한다는 가설에 따라 파동함수는 {모두 위를 향한 상태}로 붕괴한다. 즉 A의 스핀 상태가 윗방향임을 아는 순간 B스핀의 상태도 윗방향으로 결정된다. A입자의 측정이 B입자의 상태에 변화를 주었으므로 이 경우는 A와 B가 얽혀 있다.

(ㄴ)상태의 경우에도 A스핀 방향을 측정했을 때 윗방향이 나올 확률과 아랫방향이 나올 확률이 반반이며 B스핀의 경우 역시 마찬가지이다. 여기까지는 (ㄱ)의 경우와 똑같다. 그런데 어느 한 스핀을 측정한 후의 상태는 다르다. A의 상태를 측정하여 윗방향임을 알아냈다면 네 상태의 중첩에서 한 고유 상태로 붕괴하는 것이 아니고

　{A, B스핀 모두 위를 향한 상태}
　+{A스핀은 위, B스핀은 아래를 향한 상태}

와 같이 두 고유 상태의 중첩으로 붕괴할 뿐이다. 왜냐하면 이 두 고유 상태들은 모두 A스핀이 위를 향한 상태이므로, 중첩되어도 재측정 시 A스핀의 방향이 100% 확률로 위로 측정되기 때문이다. 이 상태에서 B스핀의 방향을 측정하면 위나 아래가 나올 확률이 반반이다. 즉, A스핀의 측정 여부가 B스핀의 측정 결과에 아무런 영향을 주지 않는다. 그러므로 이 경우는 얽혀 있지 않다. 얽혀 있는 경우는 반드시 중첩되어 있으나 그 반대는 아니다.

이제 스핀이 위를 향한 상태로 0을 나타내기로 하고 아래를 향한 상태로 1을 나타내기로 해보자. 그러면 두 개의 스핀이 가지는 고유 상태는 {00}, {01}, {10}, {11}로 표시할 수 있다. 처음에 두 스핀의 상태가 {01}+{11}인 상태에 있었다고

하고 첫째 비트를 조건 비트로, 그리고 둘째 비트를 목표 비트로 설정한다. 연산 전의 목표 비트는 모두 1이므로 첫째 비트의 상태 측정 여부에 영향을 받지 않는다. 즉, 초기 상태는 얽혀 있지 않다.

이 상태에 CNOT 연산을 하면 {01}인 고유 상태는 조건 비트가 0이므로 변화하지 않고 {11}인 상태는 조건 비트가 1이므로 목표 비트가 0으로 바뀌어 {10} 상태가 된다. 그러므로 {01}+{11} 전체 상태에 CNOT 연산을 한 결과는 {01}+{10}이 된다. 이 상태에서 조건 비트를 측정하면 0과 1이 나올 확률이 반반이며, 조건 비트가 0이면 목표 비트는 1로 결정되고, 조건 비트가 1이면 목표 비트는 0으로 결정된다. 즉, {01}+{10} 상태에서는 조건 비트와 목표 비트가 얽혀 있다. 이 계산의 예에서 보듯이 CNOT 연산은 얽혀 있지 않은 큐빗들을 얽히게 하며, 얽힌 큐빗들을 풀기도 한다. 얽혀 있는 {01}+{10} 상태에 CNOT 연산을 가하면 얽힘이 풀어짐을 직접 확인해보기 바란다.

중첩된 상태 중에서도 얽혀 있는 상태는 양자계가 고전계와 다른 가장 큰 특징으로, 특히 측정과 연관되면 매우 독특한 현상을 나타낸다. EPR 패러독스도 얽힌 상태의 측정과 '얽혀' 있는 이야기이다. 두 스핀을 윗식의 (ㄱ)과 같은 상태로 만든 후 이 상태를 유지한 채 A스핀을 서울에, B스핀을 대전에 옮겼다고 하자. 그러면 A스핀의 상태를 측정하여 방향을 아는 순간 B스핀의 상태도 알 수 있다.

서울과 대전이 아니고 지구와 4광년 떨어진 별에 두 스핀이 떨어져 있었다면 어떨까. 이 경우 지구에 있는 스핀의 상태를 측정하는 순간 빛으로도 4년이나 걸리는 먼 별에 있는 다른 스핀의 상태를 순간적으로 안다. 두 스핀이 4광년이 아니고 아무리 멀리 떨어져 있어도 마찬가지이며 이는 우주 안의 어느 한 곳에서 일어나는 일이 반대쪽 어떤 곳에 즉시 영향을 미친다는 뜻이다. 즉, 우주란 전체가 하나로 얽혀 있으며 우주의 변방 지구에서 어떤 일이 발생하면 그 영향이 지구에만 국한되는 것이 아니라는 뜻이다.

상대성 원리에 따르면 물체건 정보건 빛보다 빨리 전달될 수는 없다. 그런 일이 일어나면 인과가 뒤집어지는 해괴한 현상이 발생하기 때문에 진리로 받아들여지고 있다. 그러므로 아인슈타인이 양자역학의 얽힘에 대한 해석에 불편해 했을 것이라는 점은 충분히 상상이 되고도 남는다. 그러나 사실은 둘째 스핀의 상태를 우리가 임의로 선택할 수 있는 것이 아니므로, 첫째 스핀 상태의 측정으로 둘째 스핀의 상태가 순간적으로 결정된다고 해서 초광속통신이 가능한 것은 아니다.

양자 컴퓨터 소프트웨어

    양자전산이 고전전산보다 혁신적으로 빠를 수 있는 이유는 0과 1이 중첩될 수 있으며, 이를 동시에 병렬 처리하기 때문이다. 고전전산이나 양자전산 모두에 잘 쓰이는 NOT 게이트를 생각해보자. 만일 우리가 0과 1의 두 데이터에 대해 연산한 결과를 얻고 싶다면 고전적으로는 두 신호 각각을 NOT 게이트에 통과시키면 된다. 그러나 양자전산에서는 두 상태의 중첩 a{0인 상태}+b{1인 상태}를 게이트에 걸어주면 각 고유 상태에 대해 진화 연산이 독립적으로 수행되기 때문에 a{1인 상태}+b{0인 상태}라는 결과를 얻게 된다. 다시 말해서 0과 1의 반대값(즉, 1과 0)을 두 번이 아니고 한 번에 알게 됐다는 뜻이다. 앞 장에서 CNOT 게이트에 의해서 얽힘이 생기고

풀림을 설명할 때 슬쩍 넘어갔지만 그 과정에서도 이같이 두 개의 고유 상태가 중첩되어 있을 때 독립적으로 연산된다는 사실을 이용했었다.

한 번과 두 번의 차이는 별것이 아니지만 비트가 10개가 있어서 $2^{10}=1,024$개의 숫자를 표현할 수 있는 경우는 크게 다르다. 고전전산에서는 1,024개의 입력에 대해 연산하려면 모두 순서대로 처리해야 하지만 양자전산에서는 각 비트를 모두 중첩시켜 한꺼번에 처리할 수 있다. 비트 10개의 상태를 모두 중첩시킨 전체 상태는

{1번 큐빗 0, 2번 큐빗 0,...10번 큐빗 0}
+{1번 큐빗 0, 2번 큐빗 0,...10번 큐빗 1}
+ ...
+{1번 큐빗 1, 2번 큐빗 1,...10번 큐빗 1}

와 같이 0부터 1023까지 1024개의 숫자를 나타내는 상태들이 중첩되기 때문이다. NOT 연산같이 단순한 것 말고 좀더 실용적인 예를 들어보자. 우리가 컴퓨터를 사용해서 함수 f(x)가 0이 되는 해를 구하려고 할 때는 주어진 입력을 함수에 대입해서 0이 되는지 확인하는 프로그램을 작성한다. 0부터 1,023 사이에 답이 있는지 알고자 할 때 고전전산에서는 1,024개의 입력 값을 이 함수에 일일이 대입해보고 0이 되는 입력을 답이라고 출력한다. 반면 양자전산에서는 1,024개의 입력 상태

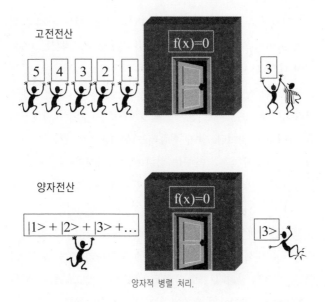

양자적 병렬 처리.

를 위와 같이 중첩시킨 후 프로그램에 대입하면 프로그램에서
는 모든 상태에 대해 독립적으로 함수값을 동시에 계산하기
때문에 한 번에 답이 나온다.

이와 같이 입력 자료들에 대해서 순서대로 하나씩 계산하
지 않고 한꺼번에 동시에 처리하는 방식을 병렬 처리라고 부
른다. 예를 들어 각 반의 물리성적 평균을 내려할 때 1반의 성
적은 2반의 성적과는 무관하므로 1반의 성적을 한 컴퓨터로
계산하는 동안 2반의 성적을 다른 컴퓨터로 계산하여 전체 계
산시간을 줄일 수 있다. 사실은 이와 같이 병렬적으로 자료를
처리하는 방법은 이미 고전전산에서 하고 있다. 우리가 슈퍼

컴퓨터라고 부르는 것들은 모두 CPU를 수십 개씩 가지고 있으며 슈퍼컴퓨터를 살 수 없는 가난한(?) 연구실에서는 PC를 십여 대씩 연결해 쓰기도 한다. 이런 컴퓨터들을 사용할 때 모든 CPU가 동시에 일하도록 프로그램을 잘 짜면 계산이 매우 빨라지는데, 이는 바로 연산을 병렬적으로 처리해서 연산능력을 극대화한 것이다. 양자 컴퓨터는 하나의 CPU만 가지고도 병렬 처리할 수 있다. CPU는 하나지만 양자계의 성질에 의해 중첩되어 들어오는 입력 데이터를 동시에 처리할 수 있기 때문이다.

고전전산에서도 병렬 처리하고 있다면 양자적으로 병렬 처리한다고 해서 크게 떠들 일이 있을까 싶은데, 그럴 일이 있다. 현재까지 알려진 바로는 쓸모 있는 양자 알고리듬은 모두 얽힘 현상이 관여하기 때문에 양자 컴퓨터의 계산능력에 있어 얽힘이 중첩보다 더 핵심적인 요소가 아닌가 생각되기도 한다. 그런데 이 현상은 고전계에서는 대응하는 현상을 도저히 찾을 수 없으므로 고전 컴퓨터는 비슷하게 흉내낼 수 없다. 또 고전 컴퓨터가 비슷하게 흉내낸다고 해도 그 능력에는 차이가 많다. 1,024개의 데이터를 동시에 병렬 처리하기 위해서는 10비트를 가진 양자 컴퓨터 한 대면 되지만 고전 컴퓨터로 똑같이 병렬 처리하려면 1,024개의 컴퓨터가 필요하다. 비트 수가 100이 되면 이를 병렬 처리하는 데 필요한 고전 컴퓨터의 수는 셀 수도 없다.

물론 어떤 연산에서나 병렬 처리가 가능한 것은 아니다. 소인수분해의 경우 이공학도들에게는 익숙한 소위 '푸리에 변환'이라는 계산과정이 들어가는데, 이는 병렬 처리가 효과적으로 쓰이는 대표적인 경우이다. 양자 소인수분해 알고리듬은 바로 이 과정을 빠르게 했기 때문에 결과적으로 소인수분해가 빨라진 것이다. 고전 컴퓨터도 이런 연산을 할 수 있지만 비트 수가 늘어남에 따라 지수적으로 연산시간이 늘어나기 때문에, 고전 컴퓨터가 우주의 나이 정도의 시간에도 계산할 수 없는 숫자라면 암호로 써도 실용적으로 안전하다. 그러나 양자전산에서는 이 계산과정이 획기적으로 빠르기 때문에 우리가 컴퓨터 앞에서 기다릴 수 있는 시간 동안에 암호가 풀린다. 고전 컴퓨터가 할 수 없는 일을 양자 컴퓨터가 한다는 뜻은 바로 이런 실제적인 의미에서이다. 이런 시대가 오면 물론 양자 컴퓨터라는 창을 막을 양자 컴퓨터 방패를 개발하려는 시도가 시작되리라 예상된다. 데이터 검색의 경우도 마찬가지이다. 양자 데이터 검색 알고리듬에서는 모든 데이터가 한꺼번에 중첩되어 들어오면 마치 채로 치듯이 원하는 자료의 크기만 점점 커지게 알고리듬이 반복된다. 고전 알고리듬도 데이터 검색을 하지만 고전 알고리듬이 우리 살아생전에 찾아줄 수 없는 데이터를 양자 알고리듬은 잠깐 동안에 찾아준다는 뜻이다.

효율적인 데이터 검색 알고리듬은 암호를 격파할 뿐 아니라 인터넷이나 유전자 배열 등을 빠르게 검색한다. 인체의 유전자 배열이 모두 알려진 지금은 DNA에서 어떤 특정한 배열을 잘 찾는 것이 생명공학연구의 핵심이라고 하는데, 이는 전적으로 데이터 검색 알고리듬의 효율에 달린 문제이다. 나는 지금 '효율적인' 데이터 검색 알고리듬에 대해 이야기하고 있으며, 양자 데이터 검색 알고리듬에 대해 이야기하고 있는 것이 아니라는 점을 강조하고 싶다. 양자 데이터 검색 알고리듬은 이론상 혁신적으로 빠르게 검색할 수 있지만 이 알고리듬을 사용하려면 우선 고전적인 데이터를 양자 상태로 바꾸어야 하는데, 이 변환과정에 많은 시간이 소요되기 때문에 이 알고리듬이 과연 실용적으로 적용될 경우가 많을지는 확실치 않다.

양자 컴퓨터가 할 수 있는 일은 소인수분해와 데이터 검색만이 있는 것은 아니다. 이 두 알고리듬이 암호와 관계하여 워낙 큰 파장을 불러와서 그렇지 다른 유용한 일도 많이 할 수 있다. 양자 컴퓨터는 많은 정보를 압축해서 전달한다든지, 완벽하게 무작위한 난수를 발생시킬 수도 있다. 애초에 파인먼이 양자 컴퓨터의 개념을 제시한 목적이었던 양자계 시늉내기도 유용한 응용 분야이다. 양자계 시늉내기는 신약 개발 등 여러 분야에서 이미 쓰이고 있으며, 여기에 양자 컴퓨터를 사용한다는 것은 신약개발에 걸리는 시간이 몇 년에서 며칠로 줄어들 수 있다는 것을 의미한다. 이 밖에도 많은 예를 들 수 있으며 양자 컴퓨터는 우리 문명 전반에 걸쳐 혁명적 변화를 가져오게 될 것이다. 그러나 양자 컴퓨터는 덧셈 같은 연산을 빨리 하는 것이 아니고 병렬 처리가 가능한 연산만 빨리 하기 때문에 현재의 컴퓨터를 모두 대체하게 되는 것은 아니며, 현재까지 쓸모 있는 알고리듬으로 알려진 것도 서너 개에 불과하다.

소인수분해와 데이터 검색 등의 양자 알고리듬이 개발된
후 이론학자들의 관심은 오류 수정의 문제로 넘어갔다. 통신
에서 발생하는 오류의 수정은 고전전산에서도 문제가 되며 많
은 연구가 이루어져 있고, 그 덕택에 우리는 인터넷을 자유롭
게 쓰게 되었다. 양자전산에서는 오류 수정의 문제가 훨씬 더
중요하다. 양자계는 고전계보다 외부의 간섭에 취약해서 오류
가 생길 가능성이 높기 때문이다. 그런데 양자계의 오류 수정
에는 고전전산에서 개발한 방법을 그대로 적용할 수가 없다.
이 역시 측정의 문제와 관련이 깊다.

고전전산에서 오류를 수정하는 방식은 이렇다. 8비트에 한
가지 정보를 실어 보낼 때 처음 7비트는 정보를 싣고 나머지
한 비트는 오류 여부를 조사하기 위해 사용한다. 예를 들어 처
음 7비트의 1의 수를 세어 홀수면 마지막 비트를 1로 하고, 짝
수면 0으로 한다. 그러면 8비트 전체의 1의 수는 항상 짝수가
될 것이므로 동시에 두 비트의 오류가 발생하지 않는 한 오류
발생을 점검할 수 있다. 오류 발생이 탐지되면 그 정보를 다시
보내도록 요구한다.

양자전산에서 이런 방식을 사용할 수 없는 이유는 측정을
할 수 없기 때문이다. 비트를 읽으면 일반적으로 중첩되어 있
는 비트의 상태는 고유 상태로 변화하므로 정보가 변질된다.
따라서 여기서도 공간이동의 경우처럼 비트의 상태를 모르는
채로 오류를 검사하고 수정해야 한다. 언뜻 들으면 불가능한

일같이 들리지만 이 문제도 해결되었다. 해결은 되었지만 오류 수정에 드는 비용이 고전전산의 경우보다 훨씬 비싸다. 고전전산에서는 오류 검사와 수정을 위해 7비트당 한 비트 정도의 추가 비트를 사용하면 되지만 양자전산에서는 한 비트 당 네 비트 정도의 추가 비트가 필요하다. 양자 컴퓨터의 비트는 생산단가가 매우 높은 자원이다.

양자 컴퓨터 하드웨어

1982년 파인먼에 의해 양자 컴퓨터의 개념이 제시된 이래 이 분야의 연구에 기폭제가 된 것은 전술한 바와 같이 현대 암호를 격파할 수 있는 양자 알고리듬들의 개발과 핵자기공명 장치에 의한 실제 양자 컴퓨터 하드웨어의 구현이었다.

양자 컴퓨터를 실제로 만들려는 학자들의 연구는 1995년 이온덫으로 처음 시도되었다. 이온덫은 문자 그대로 전기장을 이용해 이온을 잡아두는 덫을 만들어 공중에 둥둥 띄워놓은 것으로 원자 하나하나를 연구할 수 있게 해주고 있다. 이 연구 발표는 미국표준연구소에서 나온 것이었는데, 이온덫에 갇힌 이온의 스핀을 큐빗으로 생각하고 기본적인 게이트들을 구현할 수 있음을 실증한 의미가 컸다.

양자 알고리듬의 완전한 실험적 구현은 1998년 핵자기공명을 이용한 옥스퍼드의 조나단 존스에 의해 처음으로 이루어졌다. 양자계는 외부의 간섭에서 완전히 고립되기가 무척 힘들기 때문에 0이나 1인 상태를 가만히 두어도 점점 1이나 0으로 바뀔 확률이 커진다. 0이나 1인 상태가 그대로 유지되는 시간을 결맞춤 시간이라고 부르는데, 이 시간 안에 연산을 끝마치지 않으면 결과가 틀릴 확률이 점점 커지므로 결맞춤 시간은 한 양자계가 양자 컴퓨터가 되기 위한 가장 중요한 조건 중의 하나이다.

핵자기공명 양자 컴퓨터는 핵 스핀을 큐빗으로 사용하는데 핵 스핀은 외부와의 상호작용이 매우 적기 때문에 다른 양자 컴퓨터들에 비해 상대적으로 결맞춤 시간이 길다. 또한 핵자기공명에서는 스핀을 조작하는 온갖 현란한 실험기법이 이미 개발되어 있기 때문에 다른 양자계를 이용한 방법들에 비해 구현이 훨씬 유리하다.

이런 이유들로 핵자기공명 양자 컴퓨터는 가장 빨리 발전하여 2003년 현재 7비트를 제한적으로 제어하는 실험결과가 보고되고 있다. 이 정도의 양자 컴퓨터로 할 수 있는 일이란 0에서 7까지의 수 중에서 어떤 수가 소수인지 찾아주는 정도이므로 아직은 장난감 수준이다.

최초의 핵자기공명 양자 컴퓨터의 아이디어는 1996년 MIT의 데이비드 코리에 의해 나왔으며 이듬해인 1997년에는 존스, 코리 외에도 아이작 추앙 등의 그룹들이 실험결과를 보고 하기 시작하였다. 이들 중 추앙은 언론을 잘 이용하기로 이름이 나있다.

나는 핵자기공명을 이용한 실험결과들이 발표되기 시작한 1997년에 미국에서 연구 중이었다. 나의 주 전공은 핵자기공명장치를 이용해서 자성물질의 물리적 성질을 규명하는 일이었기에 연가 중인 연구소에서도 그쪽 분야를 연구하고 있었으며, 그때까지 양자정보과학이란 단어는 들어본 적도 없었다. 그런데 그 해 겨울 NEC 연구소에서 전자전산 분야를 연구하던 친지로부터 핵자기공명을 이용해서 양자전산이라는 새로운 개념의 컴퓨터가 제시되었다는 이야기를 들었다.

양자 컴퓨터! 뭔지 전혀 몰랐지만 그 이름만으로도 얼마나 매력적인가! 더구나 나의 연구도구인 핵자기공명을 이용해 만들어졌다는 이야기를 듣고는 당장 문헌을 구해 읽어보지 않을 수 없었고, 한국에 있는 우리 실험실에 전화를 해서 한 학생에게 연구를 시작하라고 일렀다.

1998년 여름, 연가를 마치고 돌아오자마자 그 학생과 같이 본격적으로 논문을 읽고 연구를 시작했는데 처음에는 도무지 무슨 소리인지 이해할 수가 없었다. 물리만 알고 전산에 대해서는 거의 아는 바가 없었으니 지금 생각하면 당연한 일이다.

1998년에는 2비트 양자 컴퓨터에서 여러 가지 양자 알고리듬들을 구현한 논문들이 쏟아져 나오기 시작했다. 2비트라면 0에서 3까지의 수만을 다룰 수 있는 컴퓨터를 뜻한다. 2비트 양자 컴퓨터가 개발되면 다음 과정은 누구나 생각할 수 있듯이 3비트로 확장해보는 일이었으며, 우리도 이 일에 매달려서 1999년 말에 구현에 성공할 수 있었다. 이 연구 주제는 경쟁이 있을 것이라고 생각은 하고 있었지만 막상 우리가 연구 결과를 발표하고 보니 약 10일 사이로 우리와 거의 같은 연구 결과를 발표한 곳이 두 곳이나 더 있었다.

이후 얼마간은 양자 컴퓨터 실험마다 비트 수 늘이기 경쟁을 하였고, 이 숫자는 양자 컴퓨터 연구의 수준을 나타내는 바로미터로서 선전하기가 좋았는지 언론에서도 관심이 많았다. 2비트에서 3비트, 5비트로 발전하면서 이론에서는 예상하지 못했던 여러 가지 실제적인 문제들을 이해하게 되었으며 7비트 핵자기공명 양자 컴퓨터가 구현되면서는 제일 복잡한 소인수분해 알고리듬도 구현되었다.

이제는 비트 수를 늘리기가 쉽지 않을 뿐만 아니라 어차피 수십 비트 정도 되어서 실용적인 양자 컴퓨터가 되지 못할 바에는 비트 수를 몇 개 늘려서 더 얻을 것도 없기 때문에 적어도 핵자기공명 양자 컴퓨터에 관한 한 비트 수 늘리기는 더 이상 연구의 목표가 되지 못했다. 요즘의 연구 추세는 소규모의 양자 컴퓨터로 그 전에 불가능했던 양자역학의 가설들을 실증한다든지, 양자역학을 쉽게 이해하기 위한 도구로서 개발하고 있다.

스핀이 자기장 속에 있으면 자기장과 방향이 나란한 고유 상태의 에너지가 반대로 되어 있는 상태보다 낮다. 자석이 자기장 속에 있으면 자석과 나란한 방향을 취하려는 경향을 떠

올리면 이해하기 쉽다. 자석은 자기장 속에서 두면 혼자서 자기장과 나란한 방향으로 돌아가 버리지만 스핀은 곁에 에너지를 주거나 받아줄 다른 물체가 없는 한 혼자서는 상태를 변화시키지 못한다는 사실이 자석과 스핀이 다른 또 한 가지 속성이다. 스핀의 방향을 바꾸려면 자기장과 나란한 상태와 반대인 상태의 에너지 차이에 해당하는 에너지를 가진 광자를 쏘아주면 한 상태에서 다른 상태로의 전이를 일으킬 수 있다. 수소원자의 스펙트럼도 이런 식으로 얻는 것이다. 핵자기공명이란 이런 식으로 자기장 속에 놓인 핵 스핀의 방향을 외부 전자기파로 바꾸면서 핵 스핀이 자신 주변의 전자나 핵들에서 받는 영향을 조사하는 장치이다.

이 장치는 스핀을 조작하고 검지하는 대표적인 실험장치로서 대단히 현란한 기법 여러 가지가 개발되어 있다. 얼마나 발달되어 있는지를 보여주는 두드러진 예가 두개골을 쪼개지 않고도 우리 머리 속을 보여주는 MRI 장치이다.

병원에서 흔히 접하는 MRI는 핵자기공명장치를 응용한 것으로, 우리가 보통 CT 촬영이라고 부르는 X–CT처럼 처음에는 핵자기공명(Nucle- ar Magnetic Resonance)의 약자를 붙여 NMR–CT라고 불렀다. 그런데 핵을 나타내는 N이 왠지 일반인들에게 방사능을 연상시켜 거부감을 준다는 이유로 Magnetic Resonance Imaging (MRI)으로 이름이 바뀌었다. 핵자기공명장치는 핵의 스핀을 이용해 물질의 성질을 연구하는 장치이지 핵폭탄처럼 핵반응을 일으켜 방사능을 만들어내는 장치가 아니다.

우리 몸에도 셀 수 없이 많은 핵이 있다. 우리 몸에서 핵반응이 일어날까봐 걱정되지 않는다면 MRI 장치를 두려워할 이유도 전혀 없다. 핵자기공명장치를 써서 연구를 한다니까 걱정을 하시던 우리 어머니에게도 같은 설명으로 안심시켜 드렸었는데 별로 효과가 없는 듯했다.

3비트 실험을 하기 전에 우선 2비트 실험을 이해했어야 했는데, 막상 실험내용을 이해하고 보니 실험은 기가 막힐 정도로 간단하였다. 우리가 처음으로 양자전산 연구로 발표한 논문도 2비트 실험이었는데, 너무 간단해서 실험연구내용이라고 발표하기조차 쑥스러울 지경이었다.

핵자기공명실험 및 MRI의 영상획득실험에서는 여러 가지 방향과 크기의 전자기파를 펄스 형태로 수십 개씩 공급하는 일이 허다한데, 2비트 양자 컴퓨터 실험은 한두 개의 전자기파 펄스만을 요구하는 지극히 초보적인 실험이었다. 이런 간단한 실험은 보통 장치를 조율할 때 쓰는 수준으로 핵자기공명실험을 하는 사람에게는 매우 익숙한 절차였으나, 그것이 양자 컴퓨터에서 쓰이는 논리적 의미를 이해하지 못하고 있었던 것뿐이었다.

물리적 조작과 양자전산 논리와의 관계를 보여주는 예를 하나 들어 보겠다. 상호작용하는 입자들에게 전자기파를 가하면 CNOT 연산을 할 수 있는데, 그 과정은 생각보다 단순하다. 스핀 두 개가 자기장 속에 들어있는 경우를 생각해보자.

두개의 스핀이 있으면 그림과 같이 4개의 에너지 상태가 가능하다. 이때 ↓↑ 상태와 ↓↓ 상태의 에너지 차이에 해당하는 에너지를 가진 전자기파를 공급한다 하자. 그러면 ↓↑ 상태에 있던 입자는 전자기파의 에너지를 흡수하여 ↓↓ 상태로 변화하며, ↓↓ 상태에 입자가 있었다면 이 입자는 ↓↑ 상태로 변화한다.

전자의 경우는 양자계가 에너지를 흡수하여 더 높은 에너지 상태로 변환하는 익숙한 과정인데, 후자의 과정은 에너지가 보존되지 않는 듯 보인다. 사실은 후자의 과정에서는 전자기파가 흡수되는 것이 아니라, 스핀들이 광자를 하나 내보내면서 낮은 에너지 상태로 전이하도록 유도하는 역할을 한다. 즉, 전자의 과정에서는 광자가 흡수되고, 후자의 과정에서는 외부 광자 하나와 스핀이 전이할 때 나온 광자 하나, 이렇게 두 개가 생긴다. 이렇게 양자계가 에너지를 방출할 때도 외부 전자기파의 도움이 있어야 쉽게 되며, 외부 전자기파가 있으면 낮은 에너지 상태에서 높은 에너지 상태로 갈 때나 혹은 그 반대 경우의 전이 확률이 같다.

이제 스핀이 위를 향한 상태를 0, 아래를 향한 상태를 1이라고 생각하면, 이 전이 과정은 10 상태는 11 상태로, 11 상태는 10 상태로 변화시키며 다른 상태들은 그대로 둔다. 즉, CNOT 연산이 수행된 것이다. 만일 입자간 상호작용이 없었다면 ↓↑ 상태와 ↓↓ 상태 사이의 에너지 차이나 ↑↑ 상태와 ↑↓ 상태의 에너지 차이가 같기 때문에, ↓↑ 상태와 ↓↓ 상태 사이

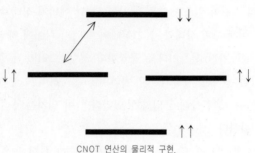

CNOT 연산의 물리적 구현.

에만 선택적으로 전이를 일으킬 수 없다.

양자 컴퓨터를 연구한다고 하면 양자 컴퓨터가 도대체 어떻게 생겼느냐, 좀 볼 수 없느냐는 질문을 많이 받는데, 양자 컴퓨터의 CPU에 해당하는 부분은 양자현상이 일어나야 하므로 매우 작아서 눈으로 볼 수는 없다. 그러므로 그 양자계를 조작하는 주변 장치만을 볼 수 있을 뿐이며, 핵자기공명 양자 컴퓨터도 보통 핵자기공명장치를 써서 구현하기 때문에 일반 연구실에서 보는 장치와 모양이 같다. CPU에 해당하는 양자계로는 물 같은 액체 상태 분자의 핵을 사용하므로 시료조차 유사하며 실험방법도 유사한데, 다만 실험결과를 해석하는 관점이 다를 뿐이다. 그래도 보고 싶어 하는 독자들을 위해서 우리 실험실에서 사용하던 핵자기공명장치의 사진을 하나 싣는다.

양자 컴퓨터로는 핵자기공명만 제안된 것이 아니고 전술한 이온덫 외에 양자점, 공진기, 조셉슨 소자 등을 이용한 방법

핵자기공명 양자 컴퓨터.

등 여러 가지가 제안되었다. 지금은 PC용으로 주로 인텔의 마이크로프로세서들이 사용되지만 초창기에는 여러 가지 칩들이 사용되었던 것처럼, 양자 컴퓨터에서도 어떤 방식이 실용적인 CPU로서 최종적인 승자가 될 것인지 현재로서는 가늠하기 어렵다.

핵, 전자, 원자, 광자 등 양자계는 많은데 어떤 것이 양자 컴퓨터가 될 수 있는 것일까? 양자계가 양자 컴퓨터가 되기 위해서는 우선 구성하는 입자들이 적어도 잘 정의된 두 개의 양자 상태를 가지고 있어서 큐빗으로 사용될 수 있어야 한다. 또한 이 입자들은 서로 상호작용하고 있어야 하며 외부와는 단절되어 결맞춤시간이 길어야 한다. 그리고 외부 장치를 사용하여 이 입자들 중 어느 하나를 골라 마음대로 상태를 조작하고 그 상태를 읽을 수 있어야 한다. 여태까지 양자 컴퓨터로 제안된 양자계를 사용되는 큐빗에 따라 구분하면 다음의 표와 같다.

83

큐빗	양자계
에너지 고유 상태	액체 헬륨 표면 위의 전자
전하의 수	양자점, 조셉슨 소자
스핀 상태	양자점, 분자자석, 이온덫, 핵자기공명
광자 상태	광학 양자 컴퓨터, 양자공진기
양자화된 자속	초전도링

양자 컴퓨터의 큐빗 종류에 따른 분류.

양자점은 박막에 전자가 구속될 수 있는 작은 점을 만든 것으로 비록 그 크기가 원자보다는 훨씬 크지만 전자가 구속되어 있다는 성질이 원자와 유사하여 많이 연구되고 있는 대표적인 나노 구조물이다. 이 양자점에 집어넣은 전자의 스핀 방향을 큐빗으로 사용하기도 하고 그 안에 든 전자의 수를 큐빗으로 사용하는 연구도 있다.

분자자석은 분자 하나가 자석과 같은 성질을 지니는 것으로, 보통 자석과 같이 일정한 방향으로 자화(磁化)가 되려면 적어도 물체가 수십 나노미터 이상의 크기가 되어야 하는데, 분자 하나로 이러한 성질을 지녔다는 특이성 때문에 연구되고 있다.

광학 양자 컴퓨터는 빛을 이용해 양자전산을 하자는 것으로 광자가 날아가는 도중 반투명 거울 등의 여러 가지 광학도구를 이용해 연산되게 만든다. 양자공진기란 빛의 파장의 정확한 정수배만큼 떨어진 거울 두 개 사이에 원자가 들어가면 그 파장에 해당하는 빛이 계속 원자에서 들어갔다 나왔다 하는 현상을 연구하는 장치이다. 조셉슨 소자나 초전도링은 초전도체를 이용해 만든 작은 소자로서 극히 미세한 자기장의 변화를 감지한다. 헬륨 기체는 영하 약 269도에서 액화되는데, 액체 헬륨 표면 위 1마이크론 정도에 위치한 전자는 에너지 상태가 양자화되어 있다고 한다. 이를 이용해 양자 컴퓨터를 만들자는 아이디어도 표에 나와 있다.

이 중 어떤 것이 큐빗으로 가장 유망한가? 이에 대한 정답은 아무도 모른다. 표에 나열된 모든 양자계가 연구되고 있다는 사실이 정답에 대한 중지가 모여 있지 않다는 증거다. 현재는 스핀을 이용한 핵자기공명 양자 컴퓨터가 가장 잘 발달되어 있어 양자 알고리듬을 구현할 수 있는 유일한 장치이나, 이 장치는 근본적으로 입자 한 개의 상태를 다루는 것이 아니라 아보가드로 수만큼 입자들의 평균을 조작하고 관측하는 것이라, 엄밀히 말하면 양자 컴퓨터가 아니고 양자 컴퓨터를 모사한다.

2003년에 들어서는 초전도를 이용한 양자 컴퓨터가 부각되고 있는데, 이는 초전도전자쌍이나 양자화된 자속이 외부의 간섭에 비교적 잘 버티기 때문이다. 정답은 아무도 모르지만 스핀을 최적의 큐빗으로 생각하는 사람들이 많은 것은 사실이다. 스핀은 외부와의 상호작용이 비교적 작고 조작 기법들이 많이 발달되어 있기 때문이다.

큐빗이 외부와 잘 격리되어 있다는 것은 실용적인 양자 컴

격리 방법	양자계
공중	이온덫, 액체 헬륨 표면의 전자, 자기장 등으로 구속된 전자
날아다니는 큐빗	광학 양자 컴퓨터, 전자
분자 속	핵자기공명
양자 우물	양자점, 초전도소자
고체 속	반도체 양자 컴퓨터

격리 방법에 따라 분류한 양자 컴퓨터의 종류.

퓨터가 되기 위해서 매우 중요한 요건인데, 큐빗을 어떻게 격리시키면 좋은가? 여태까지 나온 양자계들을 외부와의 격리에 초점을 맞추어 다시 정리해보자면 위의 표와 같다.

제일 먼저 떠오르는 방법은 진공 속에 둥둥 띄워놓는 것으로, 이를 이용한 아이디어가 이온덫이며 이 밖에 여러 가지 방법으로 전자를 공중에 잡아놓는 방법들이 제안되었다. 짐작하겠지만 공중에 작은 입자들을 잡아놓은 것은 쉬운 일이 아니며, 그렇다면 공중에서 날아가게 하고 날아가는 도중에 연산하자는 생각을 할 수 있다. 이에 속하는 양자 컴퓨터계는 광자를 이용하는 경우와 전자를 이용하는 경우가 있다.

아무래도 이렇게 공중에 떠있거나 날아다니면 우리가 조작하고 관측하거나 안정된 상태로 유지시키기에 뭔가 불안한 느낌이 들며 실제로도 그렇다. 그래서 단단히 고정되어 있으면서도 외부와의 상호작용이 없는 계를 생각해보게 마련인데, 가장 좋은 대안은 자연이 만들어준 분자 내의 원자들이나 핵을 큐빗으로 사용하는 것이다. 이를 이용한 것이 핵자기공명 양자 컴퓨터이며, 실제로 대단히 성공적이었으나 이 경우 큐 빗 사이의 상호작용을 인위적으로 조절할 수 없다는 단점이 있다.

상호작용을 인위적으로 조작하려면 역시 인위적인 구조물을 만들어야 하는데, 이에 속하는 경우가 초전도소자나 양자점 등이다. 이 경우 고체의 표면에 소자들을 만들게 되는데, 예상대로 표면의 소자 구조물 간이나 그 밑바닥 판과의 상호작용이 무시할 수 없는 요인이 된다. 현재까지 이론상 가장 좋은 양자 컴퓨터계는 고체 깊숙이 큐빗을 설치하여 외부와의 상호작용을 끊자는 것으로, 큐빗이 심어진 고체 자체와의 상호작용만 작다면 매우 이상적이다. 반도체 안에 전자나 핵 한 개가 추가로 들어가 있으면 그 입자들의 스핀 상태는 결맞춤이 매우 오래간다는 연구결과가 있다.

이런 반도체 양자 컴퓨터 중에서 가장 이상적인 모델로 생각되는 것은 실리콘 덩어리 안에 인 원자를 일정한 주기로 심어 놓고 그 인의 전자나 핵의 스핀을 큐빗으로 사용하자는 아이디어이다. 이 모델은 현 기술로 만들기도 어렵고 또 만들어도 제대로 작동하는지 검증하기가 어려워서 그렇지 이론상은 그럴 듯하다. 이 모델은 호주의 부루스 케인이 생각해낸 것인데, 『네이처 *Nature*』지에 발표되면서 그를 유명인사로 만들었다. 미국에서 적당한 직장을 잡지 못하고 호주로 돌아갔던 케인은 그 덕에 메릴랜드 대학의 양자정보국정연구소에서 일하게 되었고, 호주에서는 케인을 띄워주며 그의 양자 컴퓨터 모델을 구체화하는 연구를 그 나라 양자정보과학연구의 주제로 삼고 있다.

현재와 미래

    양자정보과학은 알려진 것만 해도 수십 개의 나라들이 국가적 지원 하에 연구하고 있는데, 가장 많은 인력과 연구비가 투자되고 있는 곳은 미국이다. 여태까지의 설명에서 짐작할 수 있듯이 CIA, NSA 등 정보보안기관들이 공개적으로 혹은 비밀리에 연구비를 지원하고 있으며, 국방성, 육군, 공군, 해군 연구소 등 국방 관련 기관들이 연구비를 지원하거나 자체적으로 연구하고 있다.

    NASA에서는 인공위성이나 우주선과의 통신에 양자암호통신을 사용하려 하고 있으며, 가장 먼저 양자 컴퓨터 구현에 대한 연구를 시작한 미국표준연구소, 초기부터 이론적 연구에 많은 투자를 해온 로스알라모스 연구소 등의 국립연구소들이 연구를 주도하고 있다.

NSA나 CIA, 국방성 등을 통한 지원금은 발표되는 바가 없어 가늠하기 어려운데, 공식적으로 알려진 연구비만 연간 3,000만 불에 이르고 있으며 비공식적인 지원금은 이보다 한 단위 정도는 클 것으로 예측하고 있다.

민간에서도 여러 컴퓨터, 전자, 통신 회사들이 연구하고 있으나, 위에서 언급한 IBM과 벨 연구소가 가장 활발히 연구하고 있으며 마이크로소프트사도 대규모의 연구인력을 모집했었다고 한다. 많은 대학들도 연구에 참여하고 있는 것은 물론이며, 그 중 MIT, 스탠포드, 칼텍 등의 최고 수준 대학들이 많은 연구결과를 발표하고 있다. 미국과 유럽은 양자전산 분야에 많은 신규인력을 모집하고 있으나 대부분 시민권을 요구하고 있다.

유럽은 원래 미국에 비해 실용성은 떨어지나 근본적인 문제를 많이 연구한다. 양자정보과학이 나오기 이전에 유럽은 양자역학 자체에 대한 연구를 계속해온 인구가 많았기에 미국보다 연구비 규모가 작은데도 불구하고 미국과 더불어 양자정보기술 분야를 주도하고 있다. 영국에서는 옥스퍼드 대학의 연구팀이 구심점이 되어 유럽공동체에 의한 연합 연구를 하고 있으며 프랑스, 독일, 오스트리아, 스위스, 네덜란드, 스웨덴, 핀란드 등 대부분의 국가가 정부의 지원 하에 정보통신기업이나 대학들에서 양자정보전송과 양자 컴퓨터 연구를 활발히 진행하고 있다.

일본은 초전도소자 양자 컴퓨터에서 가장 앞서가고 있으며 호주와 뉴질랜드는 양자정보통신연구에서 세계적인 수준이다. 이 밖에 캐나다, 중국, 인도, 이스라엘 등도 국가집중 지원사업을 벌이고 있다. 국내의 경우 연구자들의 수는 손으로 꼽을 정도이다.

양자역학은 발견되고 100년이 지나도록 거의 응용이 되지 않았다. 이렇게 주장하면 무슨 소리냐고 반박이 많이 나올 것으로 예상된다. 현대의 전자산업에 가장 많이 사용되는 트랜지스터만 하더라도 대표적인 양자효과 중의 하나인 투과효과를 이용한 것이다. 그러나 현대의 문명에서 사용하는 양자효과란 미시적으로 일어나는 양자효과들이 많이 모여서 결과적으로는 소자에 우리가 원하는 거시적 성질을 갖게 만드는 것이지, 개개의 미시적인 입자들의 양자효과 자체를 응용하는 것이 아니다.

전자나 광자 등과 같이 양자역학의 규칙을 따라야 하는 입자들을 하나하나 따로 제어하는 것은 현 과학기술 수준에서 매우 어려운 일이며, 거의 발달되지도 않았다. 다시 말해서 양자정보과학 및 기술은 나노 기술 중에서도 가장 고난도를 요구하는 최첨단 기술이며, 현 나노 기술의 수준이 걸림돌이 되어 발전이 늦어지고 있다. 양자정보과학에서 조금씩이나마 단일 입자의 양자 상태를 조작하는 기술이 발전하면서 새로운 사실들을 알게 되었으며, 양자정보과학은 양자역학에 대한 이해를 증진시키고 쉽게 이해시키는 도구로서의 역할이 중요하게 떠올랐다.

양자역학의 규칙은 고전물리의 규칙과는 너무도 달라서, 고전물리에 기초한 기술문명만을 보고 살아온 우리가 보기에 양자정보과학의 내용은 마치 공상과학과 같다. 그러나 양자정보과학은 굳건한 이론을 바탕으로 하고 있는 실현 가능한 과학이다. 실례로 양자암호통신 등 일부는 이미 상품화되기 시작했다.

양자 컴퓨터가 경제성이 있느냐는 질문을 가끔 받는다. 양자계는 다루기가 까다롭기 때문에 현재는 극저온이나 고진공 등 극한 상황에서만 돌아가므로 트랜지스터같이 싸게 대량생산하여 공급하기 어렵지 않느냐는 지적이다.

그러나 이 분야에서 연구하는 사람들은 아무도 그런 걱정을 하지 않는다. 일본과 독일이 제2차세계대전에서 패한 결정적인 원인은 암호가 해독당하였기 때문이며, 원자폭탄은 마지막 항복의 순간을 조금 당겼을 뿐이다. 그래서 암호를 해독하는 능력은 핵무기보다 강력한 군사무기이다. 핵무기의 경제성은 아무도 따지지 않는다.

언젠가는 일반대중이 양자 컴퓨터를 이용할 날이 오기는 하겠지만 그 날은 실용적인 양자 컴퓨터가 개발되고 나서도 한참 후가 될 것이다. 현재 사용되는 암호를 격파할 수 있는 정도의 양자 컴퓨터가 개발된다면 극비에 부쳐져서 극소수를 제외하고는 그 사실을 모를 것이기 때문이다.

요사이 양자 컴퓨터의 발전 추세가 느려진 것은 초창기 홍

분시대가 지나고 연구가 정상 궤도에 오른 탓도 있지만, 이제는 개발되어도 공개되지 않는 연구결과들이 많아지는 탓도 있다. 우리나라에서 개발되는 경우에는 아마도 청와대 지하실에서 단 한 대만이 가동되고 극소수의 관계자 외에는 아무도 알수 없을 것이다. 현재 양자 컴퓨터를 연구하는 사람들 중 누군가가 실용적인 양자 컴퓨터 개발에 성공한다고 해도 돈을 많이 벌기는 이미 틀린 노릇이다.

미래의 컴퓨터로는 양자 컴퓨터 이외에 광학 컴퓨터와 DNA 컴퓨터가 거론된다. 광학 컴퓨터는 렌즈 등의 광학기구와 빛을 이용하여 정보를 처리한다. 돋보기는 2차원 영상을 뒤집고 크게 확대하거나 축소하기를, 말하자면 빛의 속도로 하는데, 이런 영상처리를 컴퓨터로 처리한다면 꽤 많은 시간이 걸린다.

만일 모든 연산을 이런 식으로 한꺼번에 대용량으로 병렬처리할 수 있다면 이 광학 컴퓨터야말로 환상적이겠으나, 안타깝게도 빛 속도로 처리되는 연산은 특수한 몇 가지에 불과하다. 광학 컴퓨터는 많이 연구되었지만 전체적인 컴퓨터 구조에 필요한 소자들이 잘 개발되지 않아 현재는 이에 대한 연구가 정체되어 있다.

DNA 컴퓨터는 가장 최근에 발명된 것으로 DNA를 이루는 구성 분자들이 선택적 결합을 하는 원리를 이용해 세일즈맨 문제 같은 특수한 문제를 해결한다. 이 컴퓨터는 어떤 논리적 추론을 따라 결과를 얻는 것이 아니고 무수히 많은 분자들을 사용하여 많은 가능성을 동시에 검증하는 방식으로 작동한다. 아보가드로 수는 10^{23}이나 되므로 몇 그램의 DNA만 있어도 상당히 많은 경우수를 한꺼번에 검증할 수 있다.

그러나 이 컴퓨터는 응용 분야가 제한되고 연산능력을 더이상 키우기가 힘들다는 단점이 있어 앞으로 지속적인 발전은 힘들 것으로 예상된다. 경우수를 백 배 올리려면 큰 비이커가 필요할 것이고 만 배 올리려면 드럼통이 필요할 것이다. 이렇게 급격히 거추장스러워지기 시작해서는 실리콘 기술과 경쟁이 될 리 만무하다.

양자 컴퓨터는 획기적인 연산능력은 있으나 그의 구현이 매우 어려워 단시일 내의 발전은 기대하기 어렵다. 혹자는 양자 컴퓨터도 광학 컴퓨터와 비슷한 전철을 밟게 되지 않을까 하고 예측하기도 한다. 어떤 컴퓨터이건 결국은 실리콘에 기반을 둔 기술과 경쟁해서 이겨야 하며, 아무리 환상적인 컴퓨터라도 개발된 시점에서 그때의 실리콘 기술이 이미 이를 추월했다면 결국은 사장되고 말기 때문이다.

그러나 양자 컴퓨터의 연산능력은 비트 수가 증가함에 따라 고전 컴퓨터를 급격히 능가하기 때문에 실리콘 기술에 의거한 고전 컴퓨터가 아무리 발전해도 언젠가는 추월하는 시점이 있다. 또한 비록 지금 나노 기술의 한계로 인해 상품화된 제품을 생산할 수는 없지만 양자 컴퓨터 연구가 없어도 어차피 나노 기술은 발전할 것이며, 그에 따라 양자 상태를 제어하는 기술이 발전하여 언젠가는 우리 책상 위에 올라올 날이 있다. 그때까지 적어도 20년은 걸릴 것으로 생각되고 있다. 장밋빛 미래가 되는지는 알 수 없지만 어쨌든 신세계를 보려면 좀 오래 살아야 한다.

21세기에 대한 조망이 한창이던 1999년 『비즈니스 위크』지는 「21세기를 위한 21가지 아이디어」라는 제목의 특집기사에서 다음 세기에 인류에게 중요한 문화 및 문명 21가지를 언급하였는데, 그 중 하나로 양자 컴퓨터를 선정하였다. 이 21가지에는 기술들만 나열된 것이 아니라 에너지, 민족주의, 교육, 나노 기술 등 현대 문명 전반에 걸쳐 중요하다고 생각되는 주제들이 선정되어 들어갔다. 여기서 양자 컴퓨터는 '주사위를 던지기만 하면 제일 고약한 문제들을 풀 수 있다'라고 소개되었다.

양자 컴퓨터는 우리가 공상과학이라고만 생각했던 현상들을 마술같이 실제로 일으켜 보여주게 될 것이며 문명 전반에 걸쳐 혁명적 변화를 가져오게 될 것이다. 지금 같은 초기 개발 상태에서 양자 컴퓨터가 미래에 전개할 구체적인 세상의 모습을 전체적으로 조망하기에는 과학자보다는 창의력이 뛰어난 문학가의 이야기를 듣는 편이 낫다.

인간의 창작력은 한계가 없는 것이겠지만 고전물리에 기초한 문명은 개발이 될 만큼 되었으며 양자공학은 신개척지로 우리에게 다가오고 있다. 신세계를 언제쯤 보게 될지는 잘 모르겠지만 고전기술의 한계에 부닥치고 있는 지금은 어차피 양자계로 발을 들여 놓지 않을 수 없게 되었으므로 문명에 큰 변화가 올 것만은 확실하다.

세계적으로 양자정보과학을 선도하고 있는 과학자들은 물리학자가 아니고 대부분 정보과학을 전공한 사람들이다. 양자역학만을 알고 있는 물리학자가 정보과학이 어떻게 구축되어 있는지 전반적인 이해를 갖게 되는 것보다, 정보과학자가 양자역학의 기본 가설만을 공부하여 이미 그들이 잘 알고 있는 정보과학이 양자계의 성질에 의해 어떻게 규칙이 바뀔는지 연구하는 것이 빠르다. 피아노를 쳐본 사람이 오르간도 금방 잘 치게 되는 것이지 오르간이 소리를 내는 원리를 잘 아는 사람이 잘 치는 것이 아닌 것처럼 말이다. 우리나라의 학계는 이런 유연성이 없어 세계적인 추세에 잘 따라가지 못하고 기회를 놓치고 있는 듯하여 안타깝다.

새로운 학문이나 기술은 학제 간 연구에서 탄생한다. 양자역학이나 상대론이 탄생할 때 그랬고 재료공학이나 상품 디자인도 처음부터 그것을 전공한 사람이 있었던 것이 아니다. 물리나 생물, 심리학 등의 어떤 학문도 여러 분야의 지식이 모여서 새로운 개념이 형성되며 한 분야로 탄생하는 것이지 처음부터 전문가가 있는 것은 아니다.

양자정보과학은 물리, 화학, 전산, 전자, 수학 등 그 어느 때보다도 광범위한 지식이 종합되길 요구하고 있다. 이는 젊은 과학자들에게 새로운 기회를 제공하고 있으며 그 실현이 간단치 않은 점이 그들에게 알맞은 도전거리이다. 양자 컴퓨터가 개발될 20년 후는 우리 세대의 시대가 아니고 지금 배우는 세

대의 몫이며 양자정보기술 개발에 동참한 젊은이들은 새로운
문명을 창조했다는 보람을 갖게 되리라 생각한다.

프랑스엔 〈크세주〉, 일본엔 〈이와나미 문고〉, 한국에는 〈살림지식총서〉가 있습니다.

양자 컴퓨터 21세기 과학혁명

펴낸날	초판 1쇄 2003년 10월 10일
	초판 6쇄 2019년 10월 30일

지은이	이순칠
펴낸이	심만수
펴낸곳	(주)살림출판사
출판등록	1989년 11월 1일 제9-210호

주소	경기도 파주시 광인사길 30
전화	031-955-1350 팩스 031-624-1356
홈페이지	http://www.sallimbooks.com
이메일	book@sallimbooks.com

ISBN	978-89-522-0144-7 04080
	978-89-522-0096-9 04080(세트)

126 초끈이론 아인슈타인의 꿈을 찾아서   eBook

박재모(포항공대 물리학과 교수) · 현승준(연세대 물리학과 교수)

빠르게 발전하고 있는 초끈이론을 일반대중이 이해할 수 있도록 쉽게 풀어쓴 책. 중력을 성공적으로 양자화하고 모든 종류의 입자와 그들 간의 상호작용을 포함하는 모형으로 각광받고 있는 초끈이론을 설명한다. 초끈이론을 이해하기 위해 필요한 양자역학이나 일반상대론 등 현대물리학의 제 분야에 대해서도 알기 쉽게 소개한다.

125 나노 미시세계가 거시세계를 바꾼다   eBook

이영희(성균관대 물리학과 교수)

박테리아 크기의 1000분의 1에 해당하는 크기인 '나노'가 인간세계를 어떻게 바꿔 놓을 것인지에 대한 해답을 제시하는 책. 나노기술이란 무엇이고 나노크기의 재료들은 어떻게 만들어지는가, 나노크기의 재료들을 어떻게 조작해 새로운 기술들을 이끌어내는가, 조작을 통해 어떤 기술들을 실현하는가를 다양한 예를 통해 소개한다.

448 파이온에서 힉스 입자까지   eBook

이강영(경상대 물리교육과 교수)

누구나 한번쯤 '우주는 어디에서 시작됐을까?' '물질의 근본은 어디일까?'와 같은 의문을 품어본 적은 있을 것이다. 물질과 에너지의 궁극적 본질에 다가서면 다가설수록 우주의 근원을 이해하는 일도 쉬워진다고 한다. 이 책은 바로 이러한 질문들의 해답을 찾기 위해 애쓰는 물리학자들의 긴 여정을 담고 있다.

035 법의학의 세계   eBook

이윤성(서울대 법의학과 교수)

최근 드라마나 영화를 통해 일반인의 호기심을 자극하고 있지만 거의 알려지지 않은 법의학을 소개한 책. 법의학의 여러 분야에 대한 소개, 부검의 필요성과 절차, 사망의 원인과 종류, 사망시각 추정과 신원확인, 교통사고와 질식사 그리고 익사와 관련된 흥미로운 사건들을 통해 법의학에 대한 이해를 돕는다.

395 적정기술이란 무엇인가

eBook

김정태(적정기술재단 사무국장)

적정기술은 빈곤과 질병으로부터 싸우고 있는 전 세계의 사람들에게 희망을 안겨주는 따뜻한 기술이다. 이 책에서는 적정기술이 탄생하게 된 배경과 함께 적정기술의 역사, 정의, 개척자들을 소개함으로써 적정기술에 대한기본적인 이해를 돕고 있다. 소외된 90%를 위한기술을 통해 독자들은 세상을 바꾸는 작지만 강한 힘이란 무엇인가에 대해서 알 수 있을 것이다.

022 인체의 신비

이성주(코리아메디케어 대표)

내 자신이었으면서도 여전히 낯설었던 몸에 대한 지식을 문학, 사회학, 예술사, 철학 등을 접목시켜 이야기해 주는 책. 몸과 마음의 신비, 배에서 나는 '꼬르륵' 소리의 비밀, '키스'가 건강에 이로운 이유, 인간은 왜 언제든 '사랑'할 수 있는가에 대한 여러 학설 등 일상에서 일어나는 수수께끼를 명쾌하게 풀어 준다.

036 양자 컴퓨터

eBook

이순칠(한국과학기술원 물리학과 교수)

21세기 인류 문명에서 가장 중요한 요소 중의 하나로 꼽히는 양자 컴퓨터의 과학적 원리와 그 응용의 효과를 소개한 책. 물리학과 전산학 등 다양한 학문적 성과의 총합인 양자 컴퓨터에 대한 이해를 통해 미래사회의 발전상을 가늠하게 해준다. 저자는 어려운 전문용어가 아니라 일반 대중도 이해가 가능하도록 양자학을 쉽게 설명하고 있다.

214 미생물의 세계

eBook

이재열(경북대 생명공학부 교수)

미생물의 종류 및 미생물과 관련하여 우리 생활에서 마주칠 수 있는 여러 현상들에 대해, 알기 쉽게 풀어 설명한다. 책을 읽어나가며 독자들은 미생물들이 나름대로 형성한 그들의 세계가 인간의 그것과 다름이 없음을, 미생물도 결국은 생물이고 우리와 공생하고 있다는 사실을 알 수 있을 것이다.

375 레이첼 카슨과 침묵의 봄 `eBook`

김재호(소프트웨어 연구원)

『침묵의 봄』은 100명의 세계적 석학이 뽑은 '20세기를 움직인 10권의 책' 중 4위를 차지했다. 그 책의 저자인 레이첼 카슨 역시 「타임」이 뽑은 '20세기 중요인물 100명' 중 한 명이다. 과학적 분석력과 인문학적 감수성을 융합하여 20세기 후반 환경운동에 절대적 영향을 준 레이첼 카슨과 『침묵의 봄』에 대한 짧지만 알찬 안내서.

277 사상의학 바로 알기 `eBook`

장동민(하늘땅한의원 원장)

이 책은 사상의학이라는 단어는 알고 있지만 심리테스트 정도의 흥밋거리로 알고 있는 사람들에게 바른 상식을 알려 준다. 또한 한의학이나 사상의학을 전공하고픈 학생들의 공부에 기초적인 도움을 준다. 사상의학의 탄생과 역사에서부터 실생활에서 적용할 수 있는 간단한 사상의학의 방법들을 소개한다.

356 기술의 역사 뗀석기에서 유전자 재조합까지

송성수(부산대학교 기초교육원 교수)

우리는 기술을 단순히 사물의 단계에서 생각하기 쉽다. 하지만 기술에는 인간의 삶과 사회의 배경이 녹아들어 있다. 기술의 역사를 통해 우리는 기술과 문화, 기술과 인간의 삶을 연결시켜 생각할 수 있게 될 것이다. 이 책을 읽은 후 주변에 있는 기술을 다시 보게 되면, 그 기술이 뭔가 다른 느낌으로 다가올 것이다.

319 DNA분석과 과학수사 `eBook`

박기원(국립과학수사연구소 연구관)

범죄수사에서 유전자분석에 대한 관심이 커지고 있지만 간단하게 참고할 만한 책은 거의 없는 실정이다. 이 책은 적은 분량이지만 가능한 모든 분야와 최근의 동향을 소개하고 있다. 특히, 내용의 이해를 돕기 위하여 서래마을 영아유기사건이나 대구지하철 참사 신원조회 등 실제 사건의 감정 사례를 소개하는 데도 많은 비중을 두었다.

eBook 표시가 되어있는 도서는 전자책으로 구매가 가능합니다.

(주)살림출판사
www.sallimbooks.com
주소 경기도 파주시 문발동 522-1 | 전화 031-955-1350 | 팩스 031-955-1355